# Die Berechnung von Gleich- und Wechselstromsystemen

## Neue Gesetze über ihre Leistungsaufnahme

von

Dr.-Ing. Fr. Natalis

Mit 19 Textfiguren

Springer-Verlag Berlin Heidelberg GmbH 1920

Alle Rechte, insbesondere das der Übersetzung
in fremde Sprachen, vorbehalten.

ISBN 978-3-662-24226-1     ISBN 978-3-662-26339-6 (eBook)

DOI 10.1007/978-3-662-26339-6

**Copyright**  1920 Springer-Verlag Berlin Heidelberg

Ursprünglich erschienen bei Julius Springer in Berlin 1920.

# Vorwort.

Die bisher bei der Berechnung von Wechselstrom-Systemen angewandten Methoden sind verhältnismäßig kompliziert und unübersichtlich. Schon die Durchführung verhältnismäßig einfacher Aufgaben, wie die Berechnung eines ungleichmäßig induktiv belasteten Drehstromnetzes in Sternschaltung erfordert einen großen Rechenapparat, dessen Umfang die Übersichtlichkeit erschwert.

Bei der Berechnung wurden bisher meist die Wirkströme (bzw. Wirkleistungen) von den Blindströmen (bzw. -Leistungen) getrennt. Diese Trennung ist aber, wie die vorliegende Abhandlung zeigt, entbehrlich und stört nur die Übersichtlichkeit der Rechnung. Auch die Einführung vieler neuer Begriffe, wie Reaktanz, Induktanz, Impedanz, Admittanz, Suszeptanz etc. wird besonders für den Anfänger, dem diese Begriffe nicht in Fleisch und Blut übergegangen sind, mehr Verwirrung als Klarheit schaffen. Die Wissenschaft sollte viel mehr danach trachten, scheinbar komplizierte Vorgänge mit so einfachen Mitteln darzustellen, daß jeder Ingenieur dieselben wie das Alphabet, das Einmaleins oder den Rechenschieber beherrschen kann und den Kopf für weitergehende wissenschaftliche Aufgaben freibehält. Einen großen Erfolg hatten zwar die hervorragenden Arbeiten von Steinmetz und la Cour durch Einführung der komplexen Größen in die Wechselstromrechnung. Aber es ist nicht zu verkennen, daß die Benutzung komplexer Größen an das Begriffsvermögen große Anforderungen stellt, da man mit denselben schwer physikalische Vorstellungen verbinden kann.

Grundlegende Rechnungsmethoden sollen aber nicht nur dem Meister, sondern auch dem Schüler und mittleren Ingenieur verständlich sein. Aber auch der erstere wird dankbar sein, wenn er unnötigen Ballast über Bord werfen kann.

# Vorwort.

Als allgemein bekannt, gebräuchlich und leicht verständlich darf lediglich die Darstellung von Wechselstromspannungen und -Strömen, d. i. von sinusförmig periodisch verlaufenden Vorgängen durch Zeitvektoren vorausgesetzt werden. Hieran knüpft die vorliegende Arbeit an, indem sie nur noch zwei Begriffe hinzufügt, nämlich das

Vektorverhältnis $\frac{e}{i}$ für die Darstellung eines Scheinwiderstandes, und das

Vektorprodukt $e \cdot i$ für die in einem Stromzweige aufgenommene Gesamt-Leistung, wobei unter der letzteren der Inbegriff der Wirkleistung und Blindleistung (also ihre komplexe Summe) verstanden wird.

Für die meisten Aufgaben ist sogar die Benutzung des letztgenannten Begriffes (Vektorprodukt) entbehrlich, während die Einführung des Vektorverhältnisses eine bisher vorhandene Lücke ausfüllt und für die neue Berechnung von Wechselstromsystemen grundlegend ist. In der nachfolgenden Arbeit sind als Beispiele nur induktive Widerstände benutzt. Für kapazitive Widerstände sind lediglich negative Phasenverschiebungen statt der positiven zwischen Strom und Spannung einzusetzen.

Mit Hilfe der drei Begriffe $e$, $i$ und $\frac{e}{i}$ sind nun alle vorkommenden Vektorgleichungen fast mechanisch anzuschreiben und es ist nur erforderlich, das Resultat für die gegebenen Spannungen oder Ströme durch Zeichnung oder Ausrechnung zu ermitteln. Besonders die zeichnerische Umwertung der Vektorgleichungen ist so einfach und anschaulich, daß Fehler kaum dabei auftreten können oder sofort zu entdecken sind. Auch die Entwicklung neuer Gesetzmäßigkeiten ist, wie an Beispielen erläutert wird, leicht ausführbar.

Die Anwendung der neuen Berechnungsweise auf Generatoren, Motoren und Transformatoren ist nicht besonders behandelt, aber ohne weiteres möglich, da sich solche Maschinen oder deren Teile immer durch einen induktiven Widerstand ersetzen lassen.

Während man sonst zur Berechnung elektrischer Systeme die beiden Kirchhoffschen Gesetze

Summe der Spannungen in einer Masche = 0

Summe der Ströme an einem Knotenpunkte = 0

benutzte, vereinigt eine Vektorgleichung diese beiden Gleichungen in einer einzigen, wodurch sich für die Behandlung eine überraschende Einfachheit ergibt. Dabei läßt sich aber jederzeit eine Vektorgleichung in zwei einfache Gleichungen zerlegen, die beispielsweise die Größe und Richtung oder den Wirk- und Blindwert des Vektors angeben. Diese an sich bekannte Tatsache gewinnt dadurch an Wert, daß es möglich ist, alle in Wechselstromrechnungen vorkommenden Größen durch Vektoren und Produkte von Vektoren und Vektorverhältnissen darzustellen. Für die Auswertung der Vektorgleichungen ist daher die Multiplikation eines Vektors mit einem Vektorverhältnis von Bedeutung, die durch Konstruktion zweier ähnlicher Dreiecke leicht ausführbar ist.

Die Einführung des Vektorproduktes und seine physikalische Deutung führt zur Aufstellung zweier neuer Gesetze über die Gesamt-Leistungsaufnahme elektrischer Systeme. Das erste behandelt die Leistungszunahme bei Änderung des Stromes in einem Zweige. Das zweite besagt, daß die Leistungsaufnahme in einem Gleichgewichtszustande ein Minimum ist.

Durch Benutzung des letztgenannten Gesetzes läßt sich eine weitere, ganz allgemein gültige, neue Berechnungsweise aufstellen, welche als Resultat dieselben Vektorgleichungen ergibt, die vorher in anderer Weise aufgestellt werden konnten.

Diese beiden neuen Gesetze bilden eine Ergänzung der Kirchhoffschen Gesetze. Während die letzten von den Strömen und Spannungen in einem elektrischen System handeln, geben die neuen Gesetze über die Leistungsaufnahme Aufschluß.

Der Weg, der den Verfasser zu der neuen Berechnungsweise und den letztgenannten neuen Gesetzen führte, ist nicht ganz so mühelos gewesen, wie es der fast selbstverständliche logische Aufbau dieser Arbeit erwarten läßt.

Das Pferd wurde von hinten aufgezäumt! Die Lektüre des äußerst klar geschriebenen Föpplschen Werkes, und zwar der Abschnitt über statisch unbestimmte Systeme im Brückenbau und die Gesetze von Castigliano über die Formänderungsarbeit brachten den Verfasser auf den Gedanken, daß ganz ähnliche Gesetze auch für elektrische Systeme, die ja auch äußerlich dem Maschensystem einer Brücke gleichen, bestehen müßten. Auf elementarem Wege konnte so das erste der beiden Gesetze für Gleichstrom gefunden werden, während das zweite zunächst verborgen blieb, da die Analogie zwischen den mechanischen und elektrischen Systemen keine vollständige war oder wenigstens zu sein schien.

Der Versuch der Übertragung dieses ersten Gesetzes auf Wechselstromsysteme stieß auf erhebliche Schwierigkeiten, da eine einfache und übersichtliche Berechnungsweise für solche fehlte. Nachdem diese gefunden und auch über den Begriff des Vektorproduktes Klarheit gewonnen war, konnte das erste Gesetz unschwer auch für Wechselstromsysteme bewiesen und gedeutet werden. Ein nochmaliger Vergleich mit den mechanischen Systemen brachte dann auch das zweite Gesetz als reife Frucht zutage, nachdem erkannt war, weshalb die Analogie zwischen mechanischen und elektrischen Systemen keine ganz vollkommene ist.

Teile der vorliegenden Arbeit sind zwar bereits in der Elektrotechnischen Zeitschrift, 1919, S. 645 und 1920, S. 505, veröffentlicht, aber die Darstellung war dort noch nicht so logisch aufgebaut, wie es für Studien- und Lehrzwecke erwünscht ist. Das Material wurde daher nochmals gesichtet und erweitert, sowie durch neue Beispiele vervollständigt. Ferner wurde das zweite besonders wichtige Leistungsgesetz entwickelt und ein einfacher Beweis dafür erbracht, so daß nunmehr ein kurzes Lehrbuch der Berechnung von Gleich- und Wechselstrom-Systemen entstanden ist.

Der Verfasser spricht die Hoffnung aus, daß sich die neue Berechnungsweise sowohl auf den Hochschulen wie in der Praxis einbürgern möge. Für die Hochschulen wäre es ferner ein dankbares Arbeitsfeld, zu prüfen, ob die zahlreichen bewährten, unter Berücksichtigung der Formänderungsarbeit aufgestellten Rechenmethoden aus dem Brückenbau sich auf die Elektrotechnik übertragen lassen!

Juli 1920.

Der Verfasser.

# Einleitung.

Bei der Lösung von Wechselstrom-Problemen hat man sich mit Vorteil der Darstellung der Spannungen und Ströme durch Zeitvektoren bedient. Auch bei den Widerständen hat man den Scheinwiderstand in zwei Vektorkomponenten, nämlich in den induktionsfreien Wirkwiderstand und in den induktiven (bzw. kapazitiven) Blindwiderstand zerlegt. Die letztere Maßnahme entbehrt aber der Berechtigung, denn ein Scheinwiderstand ist keine dem Sinusgesetz unterworfene periodische, räumlich oder zeitlich veränderliche, sondern eine skalare, konstante Größe, d. h. eine sog. Invariante. Es fehlte daher bislang ein Verfahren, um in demselben Diagramm Spannungen, Ströme und Widerstände darzustellen und ihre Beziehungen zueinander durch Vektorgleichungen zu verfolgen. Diese Lücke soll durch die vorliegende Arbeit ausgefüllt werden. Dabei zeigt sich, daß Aufgaben, die bisher einen oft recht umfangreichen Rechenapparat erforderten, durch äußerst einfache Vektorgleichungen zu lösen sind. Diese Vektorgleichungen sind am einfachsten und anschaulichsten graphisch zu lösen. Wird eine rechnerische (trigonometrische) Lösung verlangt, so ist auch diese leicht zu erreichen, da der gesamte Gang der Rechenoperationen und ihre Reihenfolge durch den Aufbau der Vektorgleichung gegeben ist. Die Berechnung stellt sich daher als eine handwerksmäßige — mehr oder weniger zeitraubende — Rechenarbeit dar.

Die Übertragung der neuen Rechnungsweise auf ein Gleichstrom-System bedarf kaum einer Erläuterung, da dieses nur als ein Spezialfall eines Wechselstrom-Systems aufzufassen ist, bei dem alle Spannungen und Ströme phasengleich sind.

Jede Vektorgleichung, z. B. $\mathfrak{E}_1 = \mathfrak{E}_2$ enthält zwei Aussagen oder läßt sich in zwei Gleichungen zerlegen. Die erste besagt, daß die Effektivwerte $E_1$ und $E_2$ gleich sind, und die zweite, daß die Vektoren in ihrer Richtung oder Phase übereinstimmen, d. h. mit der Null-Zeit-Linie den gleichen Winkel $\varphi$ bilden.

Für die Effektivwerte aller Spannungsvektoren in einem Vektor-Diagramm ist ein gemeinsamer Spannungsmaßstab, für die

## Vektorielle Begriffsbestimmungen.

Effektivwerte der Stromvektoren ein gemeinsamer Strommaßstab zu wählen. Diese beiden Maßstäbe können im übrigen beliebig gewählt werden.

Der Scheinwiderstand z eines Stromkreises ist durch seinen ohmschen Widerstand r und seinen induktiven Widerstand $\omega L$ $\left(\text{bzw. kapazitiven Widerstand} - \dfrac{1}{\omega C}\right)$ gegeben.

$$z = \sqrt{r^2 + \omega^2 L^2} \left(\text{bzw. } z = \sqrt{r^2 + \dfrac{1}{\omega^2 C^2}} \text{ bzw.}\right.$$
$$\left. z = \sqrt{r^2 + \left[\omega L - \dfrac{1}{\omega C}\right]^2}\right)$$

Diese Ausdrucksweise eines Scheinwiderstandes würde aber für die vektorielle Behandlung ungeeignet sein.

Ein induktiver Widerstand besitzt zwei Eigenschaften:

1. Ist er proportional der Effektivspannung E und umgekehrt proportional dem in ihm fließenden Effektivstrom J.

2. Verursacht er eine Phasenverschiebung $\varphi$ des Stromes gegenüber der Spannung.

Diese beiden Eigenschaften lassen sich in einer einzigen Vektorgleichung

1) $\qquad z = \dfrac{\mathfrak{E}}{\mathfrak{J}}$ zusammenfassen,

worin $\mathfrak{E}$ die Klemmenspannung an dem Widerstand und $\mathfrak{J}$ der durch denselben fließende Strom ist. Der Scheinwiderstand ist daher durch ein Vektorverhältnis $\dfrac{\mathfrak{E}}{\mathfrak{J}}$, Abb. 1, in dem sich das Zeitelement im Zähler und Nenner durch Division aufhebt, gegeben, d. h. durch das Verhältnis $\dfrac{AB}{AC}$ und den $\measuredangle \varphi \left(\text{tg }\varphi = \dfrac{\omega L}{r}\right)$. Die Vektorgleichung $z = \dfrac{\mathfrak{E}}{\mathfrak{J}}$ kann jederzeit wieder in zwei Gleichungen zerlegt werden.

Wenn ferner $\alpha$ ein reiner Zahlenwert ist, so ist auch $z = \dfrac{\alpha \cdot \mathfrak{E}}{\alpha \cdot \mathfrak{J}}$. Wird daher z durch das (offene) Dreieck BAC dargestellt, so ist es auch zulässig, dieses Dreieck durch ein ähnliches Dreieck zu ersetzen, dessen Seiten $\mathfrak{E}$ und $\mathfrak{J}$ in gleichem Maße vergrößert und verkleinert sind.

Darstellung des Scheinwiderstandes durch ein Vektorverhältnis.

Wenn diese Darstellungsweise richtig sein soll, so muß der Scheinwiderstand offenbar unabhängig von dem gewählten Koordinatensystem sein und unverändert bleiben, wenn dasselbe gedreht oder parallel verschoben wird. Das ist tatsächlich auch der Fall. Um derartig verdrehte Vektoren nicht mit den richtig gerichteten zu verwechseln, sind sie in den nachfolgenden Darstellungen eingeklammert.

Wird nun derselbe Scheinwiderstand z, der zuvor an der Spannung $\mathfrak{E}$ den Strom $\mathfrak{J}$ ergab, an eine Spannung anderer Größe und Richtung e, Abb. 2, gelegt, so möge der Stromvektor i entstehen. Dann ist

2) $$z = \frac{\mathfrak{E}}{\mathfrak{J}} = \frac{e}{i}.$$

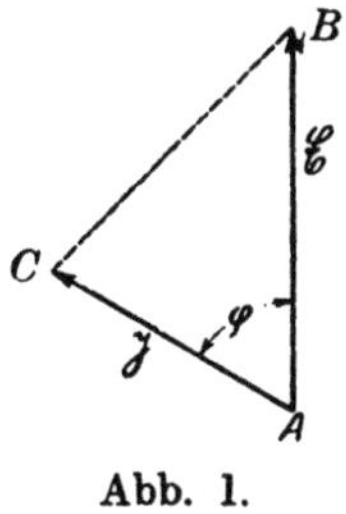

Abb. 1. 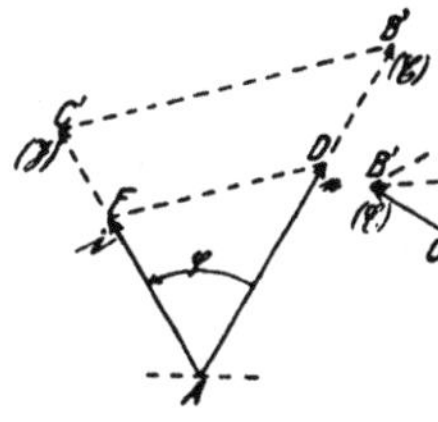  Abb. 2. 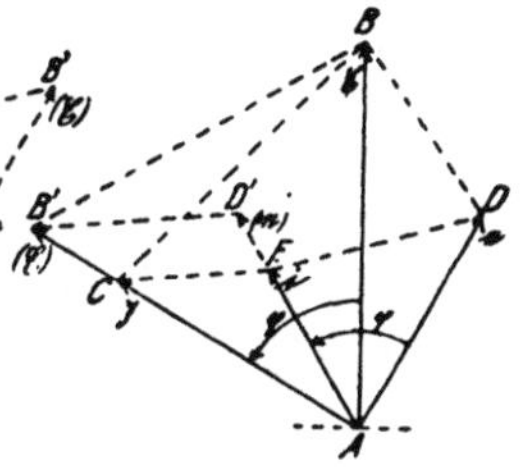  Abb. 3.

Bringt man daher $\triangle$ BAC der Abb. 1 in die Lage B'AC', Abb. 2, so ergibt sich, daß DF ∥ B'C' sein muß. Daraus ergibt sich eine einfache Konstruktion von i, wenn e bekannt ist und umgekehrt

3) $$i = e \frac{(\mathfrak{J})}{(\mathfrak{E})}.$$

Nach der Darstellung Abb. 3 sind aber nicht nur die Dreiecke BAC und DAF ähnlich, sondern auch die Dreiecke BAD und CAF, folglich

$$\frac{i}{\mathfrak{J}} = \frac{e}{\mathfrak{E}}.$$

Dreht man daher das Dreieck BAD in die Lage B'AD', so ist

$$\frac{i}{\mathfrak{J}} = \frac{(e)}{(\mathfrak{E})} \text{ also}$$

4) $$i = \mathfrak{J} \frac{(e)}{(\mathfrak{E})}.$$

1*

## Vektorielle Begriffsbestimmungen.

Aus Gleichung 3 und 4 ergibt sich, daß der Vektor $i$ gleich ist dem Produkt des Vektors $e$ in Gleichung 3 (oder $\mathfrak{J}$ in Gleichung 4) mit einem Vektorverhältnis $\dfrac{(\mathfrak{J})}{(\mathfrak{E})}$ in Gleichung 3 (bzw. $\dfrac{(e)}{(\mathfrak{E})}$ in Gleichung 4).

Man kann daher in obigen Gleichungen die Klammern ganz fortlassen und

5) $$i = e\dfrac{\mathfrak{J}}{\mathfrak{E}} = \mathfrak{J}\dfrac{e}{\mathfrak{E}}$$

schreiben, wobei der Bruch ein Vektorverhältnis darstellen soll, welches beliebig verdreht werden kann. Allgemein bedeutet die Multiplikation eines Vektors mit einem Vektorverhältnis eine Veränderung seiner Größe und eine Verdrehung desselben.

Sind mehrere Scheinwiderstände $z_1 z_2 z_3$ vorhanden, so wird man sie vorteilhaft der Reihe nach an dieselbe Normalspannung $\mathfrak{E}$ Abb. 4a, z. B. 100 Volt legen und die dabei auftretenden Normalströme $\mathfrak{j}_1 \mathfrak{j}_2 \mathfrak{j}_3$ mit den Phasenverschiebungen $\varphi_1 \varphi_2 \varphi_3$[1]) ermitteln. Die Normalströme $\mathfrak{j}_1 \mathfrak{j}_2 \mathfrak{j}_3$ sind daher gerichtete Größen (Vektoren), da einerseits ihre Effektivwerte, anderseits ihre Richtungen durch die $\measuredangle \varphi_1 \varphi_2 \varphi_3$ gegeben sind. Die betreffenden Scheinwiderstände sind somit durch die Vektorverhältnisse $\dfrac{\mathfrak{E}}{\mathfrak{j}_1} \dfrac{\mathfrak{E}}{\mathfrak{j}_2} \dfrac{\mathfrak{E}}{\mathfrak{j}_3}$ bestimmt.

Wird ein durch das Vektorverhältnis $\dfrac{\mathfrak{E}}{\mathfrak{j}}$ gekennzeichneter Scheinwiderstand an eine Spannung $e$ gelegt, so ist der dabei auftretende Strom

6) $$i = \mathfrak{j} \cdot \dfrac{e}{\mathfrak{E}}.$$

Liegen mehrere (z. B. 3) Widerstände $z_1 z_2 z_3$ **parallel** an derselben Spannung $e$, so ist der Gesamtstrom

$$i_1 + i_2 + i_3 = \mathfrak{j}_1 \dfrac{e}{\mathfrak{E}} + \mathfrak{j}_2 \dfrac{e}{\mathfrak{E}} + \mathfrak{j}_3 \dfrac{e}{\mathfrak{E}} = e\left(\dfrac{\mathfrak{j}_1}{\mathfrak{E}} + \dfrac{\mathfrak{j}_2}{\mathfrak{E}} + \dfrac{\mathfrak{j}_3}{\mathfrak{E}}\right)$$
$$= e \dfrac{\mathfrak{j}_1 + \mathfrak{j}_2 + \mathfrak{j}_3}{\mathfrak{E}}.$$

---

[1]) In den nachfolgenden Beispielen sind durchweg induktive Widerstände vorausgesetzt. Sie gelten aber sinngemäß auch für kapazitive Widerstände, wobei lediglich die Phasenverschiebung $\varphi$ negativ einzusetzen ist.

Darstellung einer Leitfähigkeit durch ein Vektorverhältnis. 5

In Abb. 4a ist der Vektor $j_1 + j_2 + j_3$ in bekannter Weise gebildet. Um daher den Summenstrom $i_1 + i_2 + i_3$ zu finden, braucht man nur die Spannung $e$ mit dem aus Abb. 4a ermittelten Vektorverhältnis $\dfrac{j_1 + j_2 + j_3}{\mathfrak{E}}$ zu multiplizieren.

Liegen dagegen mehrere Widerstände $z_1\,z_2\,z_3$ hintereinander, so werden sie von dem gleichen Strom $i$ durchflossen und die an den einzelnen Widerständen auftretenden Spannungen $e_1\,e_2\,e_3$ sind

$$e_1 = i\,\frac{\mathfrak{E}}{j_1};\quad e_2 = i\,\frac{\mathfrak{E}}{j_2};\quad e_3 = i\,\frac{\mathfrak{E}}{j_3},\text{ also}$$

$$e_1 + e_2 + e_3 = i\left(\frac{\mathfrak{E}}{j_1} + \frac{\mathfrak{E}}{j_2} + \frac{\mathfrak{E}}{j_3}\right).$$

Offenbar lassen sich die Vektorverhältnisse hier nicht so einfach zu einem mittleren Vektorverhältnis summieren wie in obigem Falle, da die Nenner ungleich sind. Für hintereinander geschaltete Widerstände wird man daher zur Bestimmung ihrer Vektorverhältnisse besser nach Abb. 4b einen Normal-

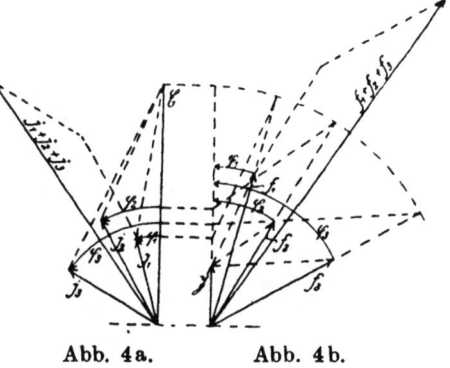

Abb. 4a.  Abb. 4b.

strom $\mathfrak{J}$ (statt einer Normalspannung $\mathfrak{E}$) zugrunde legen (z. B. 1 Amp.) und die durch diesen Strom an den Widerständen erzeugten Spannungen $\mathfrak{f}_1\,\mathfrak{f}_2\,\mathfrak{f}_3$ bestimmen. Dann sind die Widerstände $z_1\,z_2\,z_3$ gegeben durch die Vektorverhältnisse

$$\frac{\mathfrak{f}_1}{\mathfrak{J}},\ \frac{\mathfrak{f}_2}{\mathfrak{J}},\ \frac{\mathfrak{f}_3}{\mathfrak{J}}.$$

Offenbar sind die aus $j_1$ und $\mathfrak{E}$ in Abb. 4a und $\mathfrak{J}$ und $\mathfrak{f}_1$ in Abb. 4b gebildeten Dreiecke einander ähnlich. Es ist daher

$$\frac{\mathfrak{E}}{j_1} = \frac{\mathfrak{f}_1}{\mathfrak{J}},\ \frac{\mathfrak{E}}{j_2} = \frac{\mathfrak{f}_2}{\mathfrak{J}},\ \frac{\mathfrak{E}}{j_3} = \frac{\mathfrak{f}_3}{\mathfrak{J}}.$$

Für hintereinander geschaltete Widerstände erhält man

$$e_1 + e_2 + e_3 = i\left(\frac{\mathfrak{f}_1}{\mathfrak{J}} + \frac{\mathfrak{f}_2}{\mathfrak{J}} + \frac{\mathfrak{f}_3}{\mathfrak{J}}\right) = i\,\frac{\mathfrak{f}_1 + \mathfrak{f}_2 + \mathfrak{f}_3}{\mathfrak{J}}.$$

Bei parallel geschalteten Widerständen wird man sich daher stets einer Normalspannung ($\mathfrak{E}$), bei hintereinander geschalteten eines Normalstromes ($\mathfrak{J}$) bedienen[1]). Von diesen Beziehungen wird im nachfolgenden häufig Gebrauch gemacht.

Nachdem die Bedeutung eines Vektorverhältnisses geklärt ist, ist noch zu erläutern, was man sich unter einem Vektorprodukt vorzustellen hat.

Zerlegt man in Abb. 5 $\mathfrak{J}$ in den Wattstrom $\mathfrak{J}_1$ und den wattlosen Strom $\mathfrak{J}_2$, so ist

7) $\quad \mathfrak{E} \cdot \mathfrak{J} = \mathfrak{E} \, (\mathfrak{J}_1 + \mathfrak{J}_2) = \mathfrak{E} \cdot \mathfrak{J}_1 + \mathfrak{E} \cdot \mathfrak{J}_2 = |\mathfrak{E}| \cdot |\mathfrak{J}| \cdot \cos \varphi$
$\quad\quad\quad\quad\quad\quad\quad\quad\quad\quad\quad\quad\quad\quad\quad + |\mathfrak{E}| \cdot |\mathfrak{J}| \cdot \sin \varphi.$

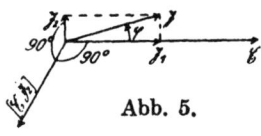

Abb. 5.

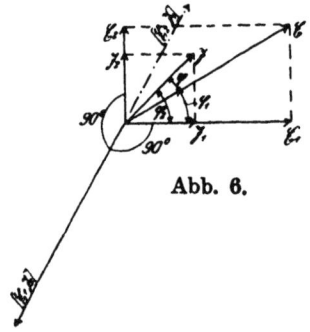

Abb. 6.

$\mathfrak{E} \cdot \mathfrak{J}_1 = |\mathfrak{E}| \cdot |\mathfrak{J}| \cdot \cos \varphi$, die Wattleistung, ist offenbar keine gerichtete, sondern eine skalare Größe. Das Produkt $\mathfrak{E} \cdot \mathfrak{J}_2 = |\mathfrak{E}| \cdot |\mathfrak{J}| \cdot \sin \varphi$ ist dagegen eine gerichtete Größe, ein Vektor, der senkrecht auf $\mathfrak{E}$ und $\mathfrak{J}_2$ steht und einen neuen Maßstab mit der Einheit 1 Volt Amp. erfordert. Die positive Richtung dieses Vektors $\mathfrak{E} \cdot \mathfrak{J}_2$ erhält man bekanntlich, wenn man den ersten Faktor des Produktes, den Vektor $\mathfrak{E}$ auf kürzestem Weg (90°) in die Richtung $\mathfrak{J}_2$ bringt und gleichzeitig in der Richtung einer Rechtsschraube fortschreitet. Würde man dagegen $\mathfrak{J}_2$ im Korkziehersinne nach $\mathfrak{E}$ drehen, so würde die umgekehrte fortschreitende Bewegung entstehen. Die Reihenfolge der Faktoren ist daher für das Vorzeichen von Bedeutung, denn es ist

$$\mathfrak{E} \cdot \mathfrak{J}_2 = - \mathfrak{J}_2 \cdot \mathfrak{E}.$$

In der Vektorrechnung ist es gebräuchlich, das skalare (sog. innere) Vektorenprodukt in einer ( ), das vektorielle (sog. äußere) dagegen in einer [ ] zu schreiben.

---

[1]) Diese doppelte Ausdrucksweise für den Scheinwiderstand entspricht den beiden reziproken Begriffen „Widerstand" und „Leitfähigkeit", deren wechselweise Benutzung üblich ist, je nachdem die eine oder andere sich in der Rechnung als vorteilhafter erweist.

Gleichung 7 wird daher richtiger in folgender Form geschrieben:

8) $\mathfrak{E} \cdot \mathfrak{J} = (\mathfrak{E} \cdot \mathfrak{J}_1) + [\mathfrak{E} \cdot \mathfrak{J}_2].$

In Abb. 5 fiel $\mathfrak{E}$ mit der Ordinatenachse zusammen. Ist dieses nicht der Fall, wie in Abb. 6, so muß man auch $\mathfrak{E}$ in seine Komponenten $\mathfrak{E}_1$ und $\mathfrak{E}_2$ zerlegen. Dann ist

$\mathfrak{E} \cdot \mathfrak{J} = (\mathfrak{E}_1 + \mathfrak{E}_2)(\mathfrak{J}_1 + \mathfrak{J}_2) = (\mathfrak{E}_1 \cdot \mathfrak{J}_1 + \mathfrak{E}_2 \cdot \mathfrak{J}_2) + [\mathfrak{E}_1 \cdot \mathfrak{J}_2 + \mathfrak{E}_2 \cdot \mathfrak{J}_1].$

Da aber $\mathfrak{E}_2 \cdot \mathfrak{J}_1$ entgegengesetzt gerichtet ist wie $\mathfrak{E}_1 \cdot \mathfrak{J}_2$, so schreibt man besser:

9) $\mathfrak{E} \cdot \mathfrak{J} = (\mathfrak{E}_1 \cdot \mathfrak{J}_1 + \mathfrak{E}_2 \cdot \mathfrak{J}_2) + [\mathfrak{E}_1 \cdot \mathfrak{J}_2 - \mathfrak{J}_1 \cdot \mathfrak{E}_2].$

Das Vektorprodukt muß ebenso wie das Vektorverhältnis unabhängig von der zufälligen Wahl des Koordinatensystems sein. Der Beweis ist leicht zu erbringen, wenn man

$\mathfrak{E}_1 = E \cdot \cos \varphi_1, \mathfrak{E}_2 = E \sin \varphi_1,$
$\mathfrak{J}_1 = J \cdot \cos \varphi_2, \mathfrak{J}_2 = J \sin \varphi_2,$

setzt, dann ist

$\mathfrak{E} \cdot \mathfrak{J} = EJ (\cos \varphi_1 \cdot \cos \varphi_2$
$\qquad + \sin \varphi_1 \cdot \sin \varphi_2)$
$\qquad + EJ (\sin \varphi_1 \cos \varphi_2$
$\qquad - \sin \varphi_2 \cos \varphi_1).$

10) $\mathfrak{E} \cdot \mathfrak{J} = EJ \cdot \cos \varphi$
$\qquad + EJ \cdot \sin \varphi.$

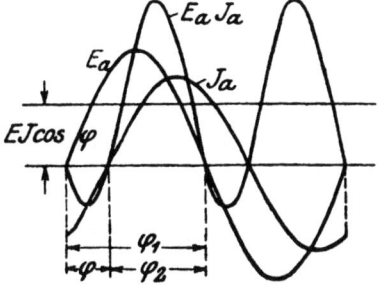

Abb. 7.

Gleichung 7 und 10 ergeben daher denselben Wert für das Vektorprodukt. Das Wesen des Vektorproduktes wird noch durchsichtiger, wenn man nach Abb. 7 die Augenblickswerte der Spannung $E_a$, des Stromes $J_a$ und des Produktes $E_a \cdot J_a$ darstellt. Es ist nämlich

$$E_a = \sqrt{2}\; E \sin (\omega t + \varphi_1)$$
$$J_a = \sqrt{2}\; J \sin (\omega t + \varphi_2)$$
$$E_a J_a = 2 EJ \sin (\omega t + \varphi_1) \sin (\omega t + \varphi_2) = EJ \cos (\varphi_1 - \varphi_2)$$
$$\qquad - EJ \cos (2 \omega t + \varphi_1 + \varphi_2).$$

11) $E_a J_a = EJ \cos \varphi - EJ \cos (2 \omega t + \varphi_1 + \varphi_2).$

Die Momentanleistung wird daher durch eine Sinuslinie doppelter Frequenz ($2\omega$!) dargestellt, welche um den Betrag $EJ \cos \varphi$, gegen die Ordinatenachse verschoben ist, und man kann sich somit den gesamten komplexen Leistungsfluß aus zwei Teilen zusammengesetzt denken, aus einem mittleren konstanten reellen Teil EJ cos $\varphi$ und einem mit doppelter Frequenz zwischen den Energiespeichern (Selbstinduktionen und Kapazitäten) hin und her pulsierenden imaginären Teil EJ cos (2 $\omega$t + $\varphi_1$ + $\varphi_2$). Der Mittelwert des letzteren in einer Periode ist gleich Null, da die positiven Teile durch die negativen aufgehoben werden; er gibt somit nach außen keine Arbeit ab. Unter dem Vektorprodukt hat man sich daher die Summe eines (mittleren) konstanten Leistungsflusses mit der Frequenz 0 und eines mit doppelter Frequenz (2 $\omega$) pulsierenden Leistungsflusses vorzustellen.

Bei der Berechnung von Wechselstromsystemen kommt man im allgemeinen ohne Benutzung von Vektorprodukten aus. Nur wenn man die Veränderung der gesamten Leistungsaufnahme eines Wechselstromsystems durch Hinzufügung von Stromzweigen bestimmen will, muß man die Vektorprodukte benutzen.

Nach dieser Einleitung, die zum Verständnis des Folgenden absichtlich etwas ausführlicher gehalten ist, mögen einige praktische Aufgaben behandelt werden.

### 1. Berechnung einer Stichleitung. Abb. 8, 9, 10.

Als Normalspannung zur Bestimmung der Widerstände $z_1 z_2 z_3$ der einzelnen Leiterabschnitte wird die Zentralenspannung $\mathfrak{E}$ benutzt. Man denkt sich die einzelnen Leiterabschnitte $z_1 z_2 z_3$ der Reihe nach an die Spannung $\mathfrak{E}$ gelegt, dann entstehen die Normalströme $j_1 j_2 j_3$, Abb. 9. Die Widerstände $z_1 z_2 z_3$ sind daher durch die Vektorverhältnisse $\frac{\mathfrak{E}}{j_1}$, $\frac{\mathfrak{E}}{j_2}$, $\frac{\mathfrak{E}}{j_3}$ gegeben. Durch die einzelnen Leiterabschnitte fließen die Ströme $i_1$, $i_1 + i_2$, $i_1 + i_2 + i_3$, welche gleichfalls in Abb. 9 durch vektorielle Addition gebildet sind. Nun ist

12) $e_1 = i_1 \frac{(\mathfrak{E})}{(j_1)}$; $e_2 = (i_1 + i_2) \frac{(\mathfrak{E})}{(j_2)}$; $e_3 = (i_1 + i_2 + i_3) \frac{(\mathfrak{E})}{(j_3)}$, oder

13) $e_1 = \mathfrak{E} \frac{(i_1)}{(j_1)}$; $e_2 = \mathfrak{E} \frac{(i_1 + i_2)}{(j_2)}$; $e_3 = \mathfrak{E} \frac{(i_1 + i_2 + i_3)}{(j_3)}$.

### Berechnung einer Stichleitung.

In Abb. 10 ist die Konstruktion von $e_1 e_2 e_3$ durchgeführt. Um $e_1$ zu finden, wird das aus $i_1$ und $j_1$ bestehende Dreieck Abb. 9 so verdreht, daß $j_1$ mit $\mathfrak{E}$ Abb. 10 zusammenfällt, sodann wird BC ∥ DF gezogen, woraus sich $e_1 \doteq$ AC ergibt. In gleicher Weise wird $e_2$ und $e_3$ gefunden, indem die aus $i_1 + i_2$ und $j_2$ bzw. $i_1 + i_2 + i_3$ und $j_3$ bestehenden Dreiecke Abb. 9 verdreht nach Abb. 10 übertragen und die entsprechenden Parallelen gezogen werden.

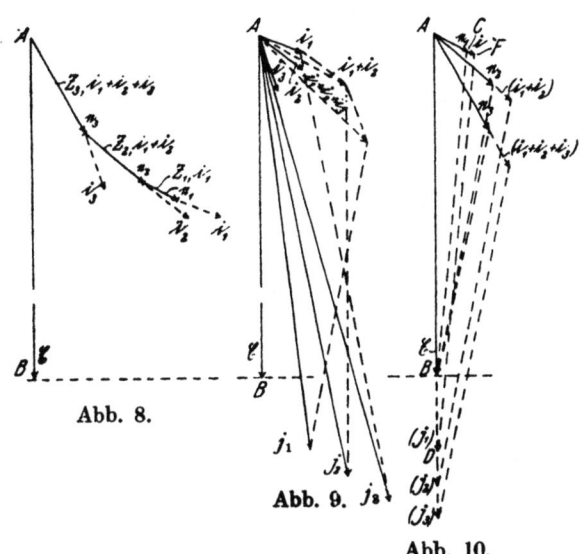

Abb. 8.

Abb. 9.

Abb. 10.

### 2. Berechnung einer Ringleitung. Abb. 11, 12, 13.

Die Belastung der Ringleitung ist in Abb. 11a dargestellt und die Widerstände $z_1$ bis $z_4$, Spannungsverluste $e_1$ bis $e_4$ und Ströme $i_x$, $i_x - i_1$ etc. sind in die einzelnen Leitungsabschnitte eingetragen. Dabei ist der in den oberen Teil der Ringleitung eintretende Strom mit $i_x$ bezeichnet. Abb. 11b stellt das zugehörige Spannungsdiagramm dar.

Die Widerstände $z_1$ bis $z_4$ sind in diesem Falle unter Zugrundelegung eines Normalstromes $\mathfrak{J}$ (entsprechend Abb. 4b) durch die Vektorverhältnisse $\dfrac{\mathfrak{f}_1}{\mathfrak{J}}$, $\dfrac{\mathfrak{f}_2}{\mathfrak{J}}$, $\dfrac{\mathfrak{f}_3}{\mathfrak{J}}$, $\dfrac{\mathfrak{f}_4}{\mathfrak{J}}$ Abb. 12 gegeben. Dann ist

14) $$i_x = \Im \frac{e_1}{f_1}$$

15) $$i_x - i_1 = \Im \frac{e_2}{f_2} \qquad i_1 = \Im \left(\frac{e_1}{f_1} - \frac{e_2}{f_2}\right).$$

16) $$i_x - i_1 - i_2 = \Im \frac{e_3}{f_3} \qquad i_1 + i_2 = \Im \left(\frac{e_1}{f_1} - \frac{e_3}{f_3}\right).$$

17) $$i_x - i_1 - i_2 - i_3 = \Im \frac{e_4}{f_4} \qquad i_1 + i_2 + i_3 = \Im \left(\frac{e_1}{f_1} - \frac{e_4}{f_4}\right).$$

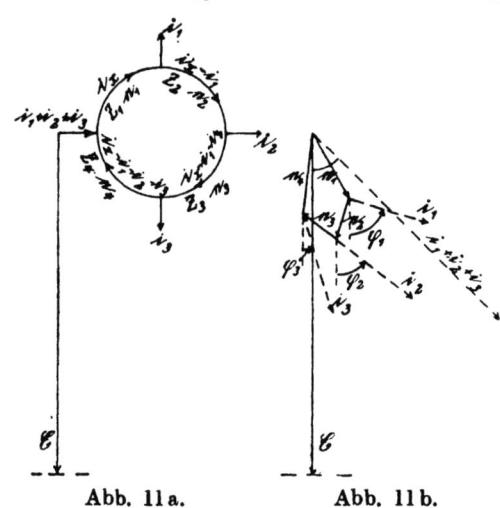

Abb. 11a.     Abb. 11b.

Aus Gleichung 15—17 folgt

18) $$e_2 = f_2 \left(\frac{e_1}{f_1} - \frac{i_1}{\Im}\right).$$

19) $$e_3 = f_3 \left(\frac{e_1}{f_1} - \frac{i_1 + i_2}{\Im}\right).$$

20) $$e_4 = f_4 \left(\frac{e_1}{f_1} - \frac{i_1 + i_2 + i_3}{\Im}\right).$$

Ferner muß

21) $$e_1 + e_2 + e_3 + e_4 = 0 \text{ sein.}$$

Daher ist

22) $$0 = \frac{e_1}{f_1}(f_1 + f_2 + f_3 + f_4)$$
$$- \frac{f_2 \cdot i_1 + f_3(i_1 + i_2) + f_4(i_1 + i_2 + i_3)}{\Im}.$$

23) $e_1 = \dfrac{\mathfrak{f}_1}{\mathfrak{J}}\left[i_1 \dfrac{\mathfrak{f}_2}{\mathfrak{f}_1 + \mathfrak{f}_2 + \mathfrak{f}_3 + \mathfrak{f}_4} + (i_1 + i_2) \dfrac{\mathfrak{f}_3}{\mathfrak{f}_1 + \mathfrak{f}_2 + \mathfrak{f}_3 + \mathfrak{f}_4}\right.$
$\left. + (i_1 + i_2 + i_3) \dfrac{\mathfrak{f}_4}{\mathfrak{f}_1 + \mathfrak{f}_2 + \mathfrak{f}_3 + \mathfrak{f}_4}\right] = \dfrac{\mathfrak{f}_1}{\mathfrak{J}}[\mathfrak{J}_1 + \mathfrak{J}_2 + \mathfrak{J}_3] = i_x \dfrac{\mathfrak{f}_1}{\mathfrak{J}}.$

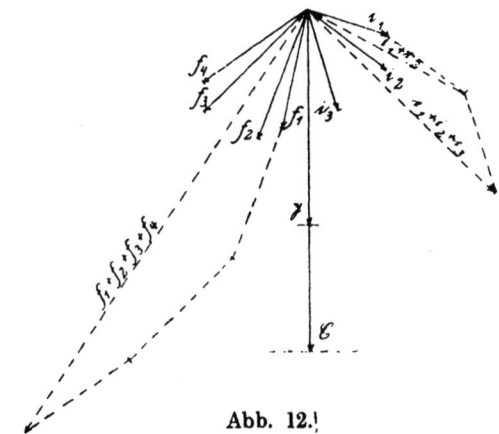

Abb. 12.

Die in Abb. 13a und 13b dargestellte Konstruktion von $e_1$ ist durch den Aufbau der Formel 23 gegeben. In der Klammer

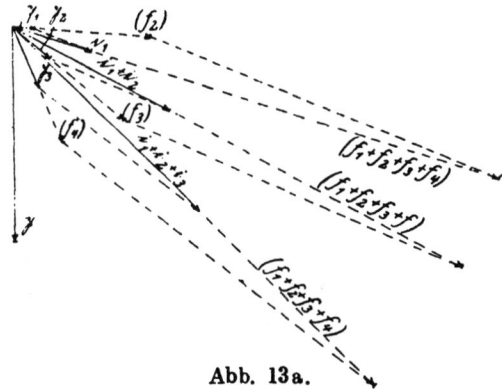

Abb. 13a.

stehen drei Vektoren $\mathfrak{J}_1$, $\mathfrak{J}_2$, $\mathfrak{J}_3$, deren jeder aus einem Vektor, z. B. $i_1$ mal einem Vektorenrhältnis $\left(\dfrac{\mathfrak{f}_2}{\mathfrak{f}_1 + \mathfrak{f}_2 + \mathfrak{f}_3 + \mathfrak{f}_4}\right)$ besteht, Abb. 13a.

12  Berechnungs-Beispiele.

Die 3 Vektoren $\mathfrak{J}_1$, $\mathfrak{J}_2$, $\mathfrak{J}_3$ sind vektoriell zu addieren, Abb. 13b, und der Summenvektor mit dem Vektorverhältnis $\dfrac{\mathfrak{f}_1}{\mathfrak{J}}$ zu multiplizieren, um $e_1$ zu finden. In ähnlicher Weise sind nach Gleichung 18, 19, 20 $e_2$, Abb. 13c, $e_3$, Abb. 13d, $e_4$, Abb. 13e, zu konstruieren.

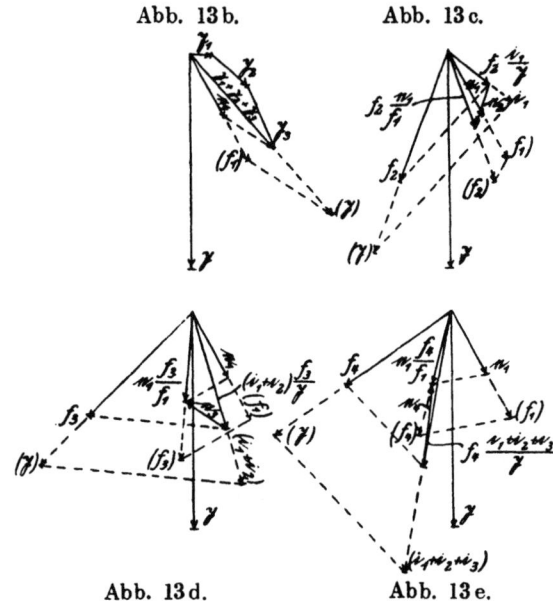

Abb. 13b. Abb. 13c.

Abb. 13d. Abb. 13e.

Da der ganze Gang der Konstruktionen an Hand der Abb. 13a—e zu verfolgen ist, so können hier die Einzelheiten übergangen werden.

### 3. Berechnung eines Drehstromnetzes mit ungleichmäßiger induktiver Belastung in Sternschaltung[1]). Abb. 14 und 15.

Die Phasenspannungen, welche ungleich sein können, sind in Abb. 14 mit $\mathfrak{E}_1 \mathfrak{E}_2 \mathfrak{E}_3$, die Sternspannungen mit $e_1 e_2 e_3$ und

---

[1]) Diese Aufgabe ist mehrfach von anerkannten Fachleuten mit viel Scharfsinn behandelt, führte aber stets zu umfangreichen Rechenoperationen, welche die Übersicht erschweren. Die Überlegenheit der hier angewandten Rechnungsweise, die mit einfachsten Mitteln ohne Zwischenoperationen unmittelbar zu einer Schlußformel führt, ist daher überzeugend.

## Berechnung eines Drehstromnetzes in Sternschaltung.

die Ströme mit $i_1 i_2 i_3$ bezeichnet. Die Widerstände $z_1 z_2 z_3$ werden der Reihe nach an eine Normalspannung $\mathfrak{E}$, Abb. 15, gelegt (wenn $\mathfrak{E}_1 \mathfrak{E}_2 \mathfrak{E}_3$ in der Phase um je 120° verschieden, ihrem Absolutwert nach daher gleich sind, wird man eine dieser Spannungen, z. B. $\mathfrak{E}_1$ als Normalspannung benutzen), wodurch die Normalströme $j_1 j_2 j_3$ entstehen. Die Widerstände sind daher durch die Vektorverhältnisse $\dfrac{\mathfrak{E}}{j_1} \; \dfrac{\mathfrak{E}}{j_2} \; \dfrac{\mathfrak{E}}{j_3}$ dargestellt.

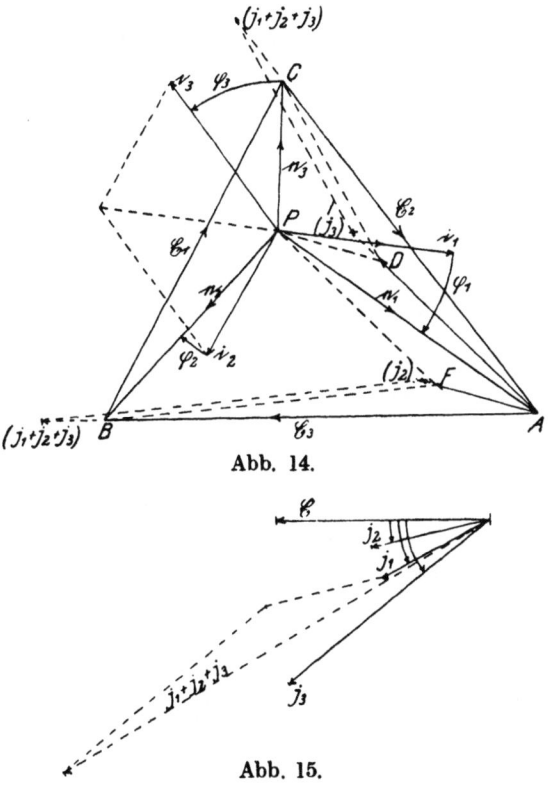

Abb. 14.

Abb. 15.

Die Aufgabe ist offenbar gelöst, wenn eine der Sternspannungen, z. B. $e_1 = PA$ nach Größe und Richtung bekannt ist, da hierdurch der Sternpunkt P festgelegt ist. Es sind daher alle anderen Größen $e_2$, $e_3$, $i_1$, $i_2$, $i_3$ als Funktionen des Vektors $e_1$ darzustellen.

14    Berechnungs-Beispiele.

24) $$e_2 = e_1 + \mathfrak{E}_3.$$

25) $$e_3 = e_1 - \mathfrak{E}_2.$$

26) $$i_1 = j_1 \frac{e_1}{\mathfrak{E}}.$$

27) $$i_2 = j_2 \frac{e_2}{\mathfrak{E}} = j_2 \frac{e_1 + \mathfrak{E}_3}{\mathfrak{E}}.$$

28) $$i_3 = j_3 \frac{e_3}{\mathfrak{E}} = j_3 \frac{e_1 - \mathfrak{E}_2}{\mathfrak{E}}.$$

Da ferner $i_1 + i_2 + i_3 = 0$ ist, so ergibt sich

29) $$e_1 = \frac{j_3 \mathfrak{E}_2 - j_2 \mathfrak{E}_3}{j_1 + j_2 + j_3} = \mathfrak{E}_2 \frac{j_3}{j_1 + j_2 + j_3} - \mathfrak{E}_3 \frac{j_2}{j_1 + j_2 + j_3}.$$

Die Konstruktion von $e_1, e_2, e_3, i_1, i_2, i_3$ ist in Abb. 14 und 15 eingetragen.

Nach Gleichung 29 ist $e_1$ gleich der Differenz zweier Vektoren

$$\mathfrak{E}_2 \frac{j_3}{j_1 + j_2 + j_3} \quad \text{und} \quad \mathfrak{E}_3 \frac{j_2}{j_1 + j_2 + j_3}.$$

Es wird daher

$$AD = - \mathfrak{E}_2 \frac{j_3}{j_1 + j_2 + j_3}$$

und

$$AF = + \mathfrak{E}_3 \frac{j_2}{j_1 + j_2 + j_3}$$

in der oben erläuterten Weise gebildet und durch Summierung dieser beiden Vektoren mit umgekehrten Vorzeichen $e_1 = PA$ konstruiert.

Der Stromvektor $i_1$ ist gleich $j_1 \frac{e_1}{\mathfrak{E}}$ zu ermitteln und in gleicher Weise $i_2 = j_2 \frac{e_2}{\mathfrak{E}}$ und $i_3 = j_3 \frac{e_3}{\mathfrak{E}}$.

**4. Berechnung einer Brückenschaltung, deren sämtliche fünf Zweige induktive Widerstände enthalten. Abb. 16, 17, 18.**

In den vorhergehenden Aufgaben konnten alle Spannungen und Ströme als Funktion eines Spannungsvektors $e$ dargestellt werden. In der vorliegenden Aufgabe ist die Zahl der voneinander unabhängigen Spannungsvektoren größer als eins. Es ist aber zu beachten, daß sämtliche Spannungsvektoren des Diagrammes, Abb. 16, bekannt sind, wenn zwei von einander unabhängige Vektoren, z. B. $e_1$ und $e_5$ oder $e_1$ und $e_3$ nach Größe und Richtung ermittelt sind. Die Anzahl der unabhängigen Vektoren ist offenbar gleich der Zahl der vorhandenen Knotenpunkte (C, D). Es werden sich daher zwei Vektorgleichungen mit zwei Unbekannten aufstellen lassen.

Die Netzspannung ist mit $\mathfrak{E}$, die Spannungen und Ströme der Brückenzweige mit $e_1 e_2 e_3 e_4 e_5$ bzw. $i_1 i_2 i_3 i_4 i_5$ bezeichnet. Die Pfeilrichtungen der Spannungen e und Ströme i sind so gewählt, daß sie für die Knotenpunkte C bzw. D den gleichen Richtungssinn besitzen. Als Normalspannung für die Bestimmung der Widerstände $z_1$ bis $z_5$ ist die Spannung $\mathfrak{E}_0$ gewählt, Abb. 17. Die Widerstände sind daher durch die Vektorverhältnisse $\dfrac{\mathfrak{E}_0}{i_1}$, $\dfrac{\mathfrak{E}_0}{i_2}$, $\dfrac{\mathfrak{E}_0}{i_3}$, $\dfrac{\mathfrak{E}_0}{i_4}$, $\dfrac{\mathfrak{E}_0}{i_5}$ gegeben.

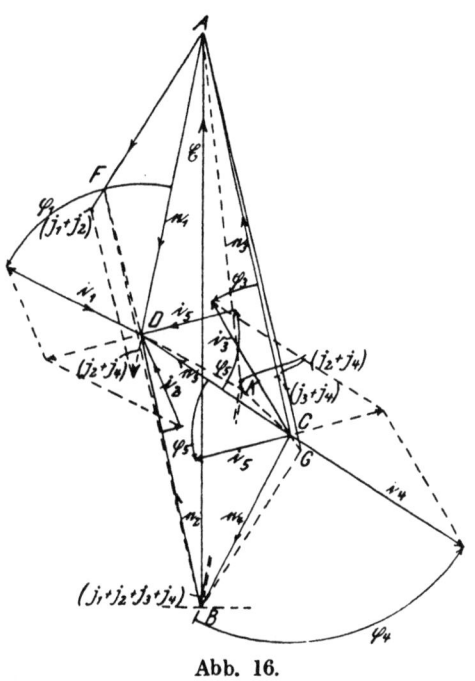

Abb. 16.

Als unabhängige Variable werden im Interesse eines symmetrischen Aufbaus der Vektorgleichungen $e_1$ und $e_3$ gewählt. Dann ist

30)     $c_1 = e_1$         33)     $e_4 = e_3 - \mathfrak{E}$

31)     $e_2 = e_1 + \mathfrak{E}$    34)     $e_5 = e_1 + e_3$

32)     $e_3 = e_3$         35)     $i_1 = j_1 \dfrac{e_1}{\mathfrak{E}_0}$

## Berechnungs-Beispiele.

36) $\quad i_2 = j_2 \dfrac{e_1 + \mathfrak{E}}{\mathfrak{E}_0} \qquad\qquad$ 38) $\quad i_4 = j_4 \dfrac{e_3 - \mathfrak{E}}{\mathfrak{E}_0}$

37) $\quad i_3 = j_3 \dfrac{e_3}{\mathfrak{E}_0} \qquad\qquad\quad$ 39) $\quad i_5 = j_5 \dfrac{e_1 + e_3}{\mathfrak{E}_0}.$

Ferner ist

40) $\quad i_1 + i_2 + i_5 = 0 \qquad\qquad$ 41) $\quad i_3 + i_4 + i_5 = 0$

daher

42) $\qquad e_1 (j_1 + j_2 + j_5) + e_3 j_5 + \mathfrak{E} j_2 = 0.$

43) $\qquad e_1 j_5 + e_3 (j_3 + j_4 + j_5) - \mathfrak{E} j_4 = 0.$

Stellt man aus Gleichung 42 $e_1 = \mathfrak{f}_1(e_3)$ und aus Gleichung 43 $e_1 = \mathfrak{f}_2(e_3)$ dar, so ist offenbar $\mathfrak{f}_1(e_3) = \mathfrak{f}_2(e_3)$.

Man kann daher aus derartigen Vektorgleichungen die Veränderlichen in der gleichen Weise eliminieren, wie aus gewöhnlichen linearen Gleichungen mit mehreren Unbekannten. Die Ausrechnung ergibt:

44) $\quad e_1 = - \mathfrak{E} \dfrac{j_2(j_3 + j_4) + j_5(j_2 + j_4)}{(j_1 + j_2)(j_3 + j_4) + j_5(j_1 + j_2 + j_3 + j_4)}.$

45) $\quad e_3 = + \mathfrak{E} \dfrac{j_4(j_1 + j_2) + j_5(j_2 + j_4)}{(j_1 + j_2)(j_3 + j_4) + j_5(j_1 + j_2 + j_3 + j_4)}.$

46) $\quad e_5 = e_1 + e_3 = + \mathfrak{E} \dfrac{j_1 j_4 - j_2 j_3}{(j_1 + j_2)(j_3 + j_4) + j_5(j_1 + j_2 + j_3 + j_4)}.$

$j_1 j_4 - j_2 j_3 = 0$ gibt die Bedingung für die Abgleichung der Wheatstoneschen Brücke. In dieser Vektorgleichung sind wieder zwei Gleichungen enthalten.

Aus Gleichung 42 und 43 lassen sich noch interessante Beziehungen beinahe spielend herleiten, deren Auffindung auf analytischem Wege große Schwierigkeiten bereiten würde.

Wenn man aus diesen beiden Gleichungen $j_5$ eliminiert, so erhält man eine Beziehung zwischen $e_1$ und $e_3$, welche unabhängig von $j_5$ oder $z_5$ ist. Man kann daher $j_5$ sowohl nach seiner Größe wie nach seiner Richtung oder beide Komponenten von $z_5$ beliebig verändern. Durch die Elimination erhält man

47) $\qquad e_3 \dfrac{j_3 + j_4}{j_2 + j_4} - e_1 \dfrac{j_1 + j_2}{j_2 + j_4} = \mathfrak{E}.$

### Gesetzmäßigkeiten bei Änderung einer Veränderlichen.

Sind aber $j_1 j_2 j_3 j_4$ unveränderlich, so bedeuten die Vektorverhältnisse $\dfrac{j_3 + j_4}{j_2 + j_4}$ bzw. $\dfrac{j_1 + j_2}{j_2 + j_4}$ eine Vergrößerung und Verdrehung der Vektoren $e_3$ bzw. — $e_1$ um konstante Werte. Dadurch verwandeln sich diese beiden Vektoren (AD bzw. CA) in AF bzw. GA. Da ihre Summe gleich $\mathfrak{E}$ = BA sein soll, so ist AGBF ein Parallelogramm und alle Dreiecke DAF, die bei einer Veränderung von $j_5$ entstehen, müssen ähnlich sein. Das gleiche gilt von allen Dreiecken CAG. Setzt man in Gleichung 44 und 45 $j_5 = \infty$ entsprechend $z_5 = 0$ (also Kurzschluß zwischen D und C), so ergibt sich

48) $\qquad - e_{1k} = e_{3k} = \mathfrak{E} \dfrac{j_2 + j_4}{j_1 + j_2 + j_3 + j_4} = KA.$

K ist somit der Kurzschlußpunkt.

Auch in diesem Fall ist Gleichung 47 erfüllt, denn es ist

$$\mathfrak{E} \frac{j_3 + j_4}{j_1 + j_2 + j_3 + j_4} + \mathfrak{E} \frac{j_1 + j_2}{j_1 + j_2 + j_3 + j_4} = \mathfrak{E}.$$

Eine zweite wertvolle Beziehung erhält man, wenn man von vornherein $e_1$ und $e_5$ (statt $e_1$ und $e_3$) als unabhängige Veränderliche einführt, oder wenn man aus Gleichung 34 $e_3 = e_5 - e_1$ in Gleichung 42 und 43 einsetzt. Dann erhält man

49) $\qquad e_1 (j_1 + j_2) + e_5 j_5 + \mathfrak{E} j_2 = 0$

und

50) $\qquad - e_1 (j_3 + j_4) + e_5 (j_3 + j_4 + j_5) - \mathfrak{E} j_4 = 0.$

Eliminiert man aus Gleichung 49 und 50 $j_5$, so ergibt sich

51) $\qquad e_1 - e_5 \dfrac{j_3 + j_4}{j_1 + j_2 + j_3 + j_4} = - \mathfrak{E} \dfrac{j_2 + j_4}{j_1 + j_2 + j_3 + j_4}.$

Die rechte Seite der Gleichung 51 ist nach Gleichung 48 gleich AK. Der Faktor $\dfrac{j_3 + j_4}{j_1 + j_2 + j_3 + j_4}$ von $e_5$ bedeutet eine Verdrehung und Größenveränderung von — $e_5$ um einen konstanten Wert. Daraus ergibt sich

$$\measuredangle CDK = \text{Konstante}$$
$$\frac{DK}{DC} = \text{Konstante,}$$

d. h. alle Dreiecke KDC sind ähnlich.

**18** Berechnungs-Beispiele.

Ist daher ein Vektor, z. B. $e_1$ und der Kurzschlußpunkt K bekannt, so ergibt sich daraus eine sehr einfache Konstruktion für alle übrigen. Ähnliche Beziehungen würden sich aufstellen lassen, wenn man $j_1$ oder $j_2$, $j_3$, $j_4$ eliminiert hätte. Es soll jedoch hierauf verzichtet werden, da es dem Verfasser nur darauf ankam, zu zeigen, in wie eleganter Weise man alle möglichen Gesetzmäßigkeiten durch die neue Darstellungsweise aufdecken kann.

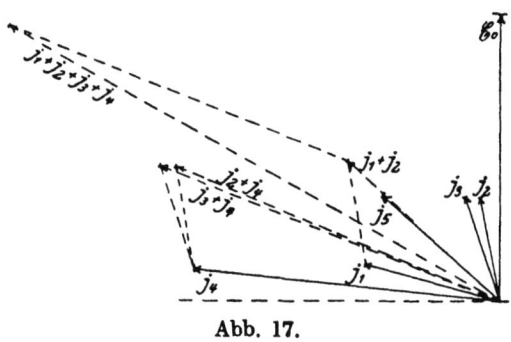

Abb. 17.

In Abb. 17 und 18a und b ist die Konstruktion der Spannungen $e_1$ und $e_5$ vollständig durchgeführt. Dabei sind die Gleichungen 46 und 49 benutzt, aber in nachstehende Form gebracht, welche nur Vektoren und Vektorverhältnisse enthält:

52) $$e_5 = \mathfrak{E}\,\frac{j_1\dfrac{j_4}{j_3 + j_4} - j_2\dfrac{j_3}{j_3 + j_4}}{j_1 + j_2 + j_5\dfrac{j_1 + j_2 + j_3 + j_4}{j_3 + j_4}}.$$

53) $$-e_1 = e_5\,\frac{j_5}{j_1 + j_2} + \mathfrak{E}\,\frac{j_2}{j_1 + j_2}.$$

In Abb. 17 sind zunächst aus den gegebenen Vektoren $j_1 j_2 j_3 j_4 j_5$ die Summen-Vektoren $j_1 + j_2$, $j_2 + j_4$, $j_3 + j_4$ und $j_1 + j_2 + j_3 + j_4$ gebildet.

Sodann ist in Abb. 18a nach Gleichung 52 $e_5$ konstruiert, indem in der oben erläuterten Weise die Vektoren $j_1\dfrac{j_4}{j_3 + j_4}$ und $j_2\dfrac{j_3}{j_3 + j_4}$ ermittelt und durch Subtraktion derselben der Zählervektor $j_1\dfrac{j_4}{j_3 + j_4} - j_2\dfrac{j_3}{j_3 + j_4}$ gebildet ist.

Sodann ist der Vektor $j_5\dfrac{j_1 + j_2 + j_3 + j_4}{j_3 + j_4}$ konstruiert und durch

Konstruktion der Spannungsvektoren der Brückenzweige. 19

Addition zu $j_1 + j_2$ der Nennervektor $j_1 + i_2 + i_5 \dfrac{i_1 + i_2 + i_3 + i_4}{i_3 + i_4}$ gebildet.

Aus $\mathfrak{E}$ und dem Vektorverhältnis $\dfrac{\text{Zählervektor}}{\text{Nennervektor}}$ ergibt sich schließlich $e_5$.

Um $-e_1$ zu finden, ist in Abb. 18b nach Gleichung 53 $e_5 \dfrac{j_5}{j_1 + j_2}$ und $\mathfrak{E} \dfrac{j_2}{j_1 + j_2}$ gebildet und summiert.

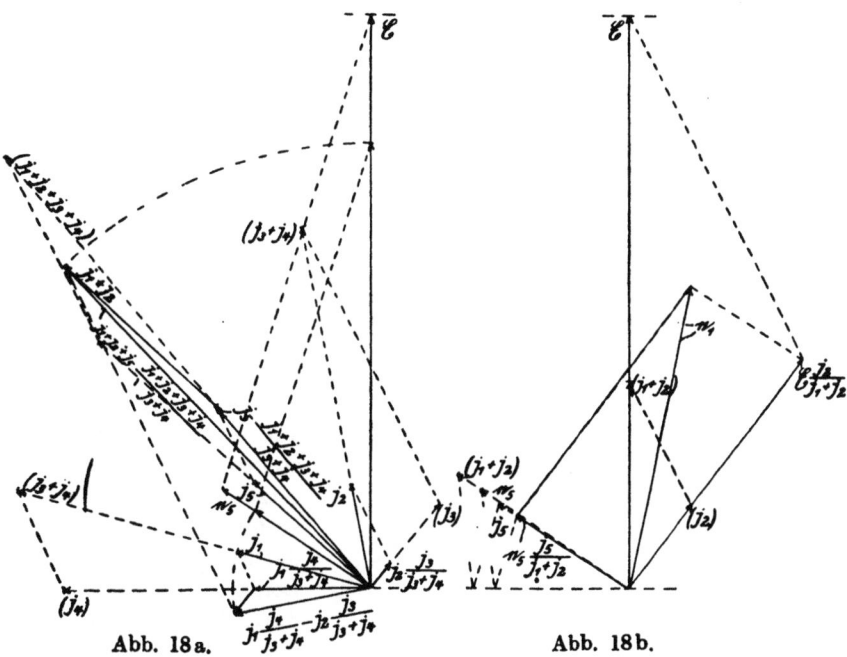

Abb. 18a.        Abb. 18b.

Durch Parallelverschiebung der gefundenen Vektoren $e_1$ und $e_5$ nach Abb. 16 werden die Knotenpunkte D und C gefunden, wodurch das ganze Spannungsdiagramm festgelegt ist. Die Ermittelung der Ströme $i_1 = j_1 \dfrac{e_1}{\mathfrak{E}}$, $i_2 = j_2 \dfrac{e_2}{\mathfrak{E}}$ etc. bietet keine Schwierigkeiten und ist in der Darstellung der Übersichtlichkeit halber fortgelassen.

20  Erster Lehrsatz über die Leistungsaufnahme.

## 5. Berechnung von Wechselstromsystemen mit induktionsfreier Belastung und von Gleichstromsystemen.

Alle vorstehenden Berechnungen bezogen sich auf Wechselstrom und induktive oder kapazitive Belastungen. Sie gelten aber ebenso für induktionsfreie Belastungen und schließen als Spezialfall auch Gleichstrom ein.

Im diesen Fällen klappen bei Gleichstrom und Einphasen-Wechselstrom alle Spannungsdiagramme zu einer geraden Linie zusammen.

## 6. Erster Lehrsatz über die Leistungsaufnahme elektrischer Wechsel- (und Gleich-)strom-Systeme.

In der Einleitung war auseinandergesetzt, daß die gesamte Leistungsaufnahme eines von einem Wechselstrom durchflossenen Leitungsteiles, d. i. die komplexe Summe aus der Wattleistung und der wattlosen Leistung, durch das Vektorprodukt $i\,e$ ausgedrückt ist. Es soll nunmehr untersucht werden, wie sich die Leistungsaufnahme eines aus mehreren Leitungsteilen zusammengesetzten Wechselstromsystemes ändert, wenn der Strom in einem der Leitungszweige etwa durch Veränderung seines Widerstandes geändert wird. Der Erörterung möge als Beispiel das im Abschnitt 3 behandelte Drehstromnetz mit ungleichmäßiger induktiver Belastung in Sternschaltung Abb. 19 zugrunde gelegt werden. Wir betrachten zwei Zustände.

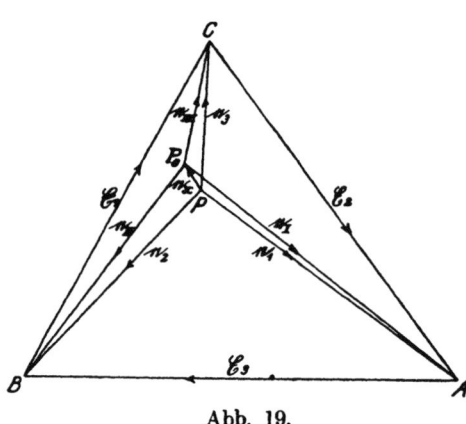

Abb. 19.

Im ersten sind in die drei Stromzweige AP, BP, CP die Scheinwiderstände $z_1 z_2 z_3$ eingeschaltet und es ergeben sich dadurch die Sternspannungen $e_1 e_2 e_3$ mit dem Sternpunkt P und die Ströme $i_1 i_2 i_3$ (in der Darstellung fortgelassen). Die Scheinwiderstände

### Änderung der Leistung bei einer Änderung des Stromes.

sind wieder in der üblichen Weise durch die Vektorverhältnisse
$\dfrac{\mathfrak{E}}{j_1} \dfrac{\mathfrak{E}}{j_2} \dfrac{\mathfrak{E}}{j_3}$ bestimmt.

Im zweiten Zustand sind die Widerstände $z_2 z_3$ unverändert beibehalten, der Widerstand $z_1$ dagegen unendlich groß, also $j_1 = 0$, gesetzt. Dadurch ergeben sich die Sternspannungen $e_I e_{II} e_{III}$ mit dem Sternpunkt $P_0$ und die Ströme $i_{II}$ und $i_{III}$ ($i_I$ ist $= 0$).

Die Verschiebung des Sternpunktes $P$ nach $P_0$ ist durch den Vektor $e_x$ gekennzeichnet.

Es können folgende Grundgleichungen aufgestellt werden:

54) $$i_1 + i_2 + i_3 = j_1 \dfrac{e_1}{\mathfrak{E}} + j_2 \dfrac{e_2}{\mathfrak{E}} + j_3 \dfrac{e_3}{\mathfrak{E}} = 0.$$

55) $$i_{II} + i_{III} = j_2 \dfrac{e_{II}}{\mathfrak{E}} + j_3 \dfrac{e_{III}}{\mathfrak{E}} = 0.$$

56) $$e_1 = e_x + e_I.$$
57) $$e_2 = e_x + e_{II}.$$
58) $$e_3 = e_x + e_{III}.$$

Die Gesamtleistungsaufnahme für den ersten Zustand ist
$$\sum_{1-3} ie = i_1 e_1 + i_2 e_2 + i_3 e_3 = \dfrac{1}{\mathfrak{E}} \left[ j_1 e_1^2 + j_2 e_2^2 + j_3 e_3^2 \right]$$
und für den zweiten Zustand
$$\sum_{II-III} ie = i_{II} e_{II} + i_{III} e_{III} = \dfrac{1}{\mathfrak{E}} \left[ j_2 e_{II}^2 + j_3 e_{III}^2 \right].$$

Die Leistungszunahme ist daher unter Berücksichtigung von Gleichung 56—58

59) $$\sum_{1-3} ie - \sum_{II-III} ie = \dfrac{1}{\mathfrak{E}} \left[ j_1 e_1 (e_x + e_I) + j_2 (e_x + e_{II})^2 \right.$$
$$\left. + j_3 (e_x + e_{III})^2 - j_2 e_{II}^2 - j_3 e_{III}^2 \right].$$

Hierbei ist absichtlich in dem ersten Gliede der eine Faktor $e_1$ von $e_1^2$ nicht durch $e_x + e_I$ ersetzt. Die Ausrechnung ergibt:

60) $$\sum_{1-3} ie - \sum_{II=III} ie = \dfrac{1}{\mathfrak{E}} \left[ j_1 e_1 e_I + e_x \left( j_1 e_1 + (j_2 + j_3) e_x \right) \right.$$
$$\left. + 2 e_x (j_2 e_{II} + j_3 e_{III}) \right].$$

## Zweiter Lehrsatz über die Leistungsaufnahme.

Das dritte Glied in der Hauptklammer ist $= 0$ nach Gleichung 55. Ferner ist aber nach Gleichung 54

$$i_1 e_1 + (i_2 + i_3) e_x = - i_2 e_2 - i_3 e_3 + i_2 e_x + i_3 e_x = - i_2 (e_2 - e_x) - i_3 (e_3 - e_x) = - i_2 e_{II} - i_3 e_{III} = 0.$$

Daher ist

61) $$\sum_{1-3} ie - \sum_{II-III} ie = \mathfrak{N}_1 - \mathfrak{N}_0 = \frac{i_1 e_1 e_I}{\mathfrak{E}} = i_1 e_I.$$

Die Zunahme der aufgenommenen Leistung $\mathfrak{N}_1 - \mathfrak{N}_0$ ist also gleich dem Vektorprodukt aus dem endgültigen Strom $i_1$ nach der Einschaltung von $z_1$ und der Leerlaufspannung $e_I$ vor der Einschaltung.

Dieses Gesetz gilt auch für $z_1 = 0$ (Kurzschluß von $z_1$), wobei P mit A zusammenfällt.

62) $$\sum_{1-3} i_k e_k - \sum_{II-III} ie = i_{1k} e_I.$$

Die Änderung der Leistungsaufnahme beim Übergang von einem beliebigen Zustand $e, i$ zu einem anderen $e', i'$ ergibt sich durch Aufstellung der Formel 61 für beide Zustände und Subtraktion voneinander. Es ist

63) $$\sum_{1-3} i' e' - \sum_{1-3} ie = (i'_1 - i_1) e_I.$$

Handelt es sich um eine unendlich kleine Änderung des Widerstandes $z_1$, so ist

64) $$\frac{d \sum_{1-3} ie}{di_1} = e_I.$$

Das in Gleichung 61 aufgestellte Gesetz

65) $$\mathfrak{N}_1 - \mathfrak{N}_0 = i_1 e_I$$

gilt natürlich nicht nur für das gewählte Beispiel eines Drehstromnetzes, sondern allgemein und sinngemäß auch für induktionsfreie Belastungen und damit auch für Gleichstromsysteme.

Auf ein Anwendungsgebiet desselben möge hingewiesen werden, welches zur Zeit noch wenig erschlossen ist. Bei jeder Änderung in der Leistungsaufnahme eines elektrischen Systems treten an den Unterbrechungsstellen der Schaltvorrichtungen Funken auf.

Änderung der Leistung bei einer Änderung der Spannung.    23

Die Stärke der Feuererscheinungen ist jedenfalls eine Funktion der Leistungsveränderung, welche durch das Vektorprodukt $i_1 e_I$ charakterisiert ist.

### 7. Zweiter Lehrsatz über die Leistungsaufnahme elektrischer Wechsel- (und Gleich-)strom-Systeme.

Als erstes Beispiel möge wieder das im Abschnitt 3 behandelte Drehstromnetz mit ungleichmäßiger induktiver Belastung in Sternschaltung, Abb. 14, 15, zugrunde gelegt werden.

Die Leistungsaufnahme der drei Zweige ist:

67) $\quad \mathfrak{N} = i_1 e_1 + i_2 e_2 + i_3 e_3 = \dfrac{1}{\mathfrak{E}} (j_1 e_1^2 + j_2 e_2^2 + j_3 e_3^2).$

Hierin können $e_2$ und $e_3$ als Funktionen von $e_1$ dargestellt werden.

(vgl. Gl. 24) $\quad e_2 = e_1 + \mathfrak{E}_3$
(vgl. Gl. 25) $\quad e_3 = e_1 - \mathfrak{E}_2.$

Die Spannungen $e_1 e_2 e_3$ entsprechen einem Gleichgewichtszustande des Systems. Denkt man sich nun an A und P, Abb. 14, eine Hilfsspannung von gleicher Größe und Richtung wie $e_1$ angelegt, so wird im Punkte P weder Strom zufließen noch abfließen. Ist die angelegte Spannung dagegen $e_1 + de_1$, wobei $de_1$ gegenüber $e_1$ beliebig gerichtet sein kann, so wird der Gleichgewichtszustand verändert, indem sich der Punkt P etwas verschiebt. Es ergibt sich dann

68) $\quad d\mathfrak{N} = \dfrac{1}{\mathfrak{E}} d(j_1 e_1^2 + j_2 e_2^2 + j_3 e_3^2) = \dfrac{2 de_1}{\mathfrak{E}} \left( j_1 e_1 + j_2 e_2 \dfrac{de_2}{de_1} + j_3 \cdot e_3 \dfrac{de_3}{de_1} \right).$

Da nach Gleichung 24 und 25 $e_2$ und $e_3$ lineare Funktionen von $e_1$ sind, so ist $de_2 = de_1$ und $de_3 = de_1$, daher

69) $\quad \dfrac{d\mathfrak{N}}{de_1} = \dfrac{2}{\mathfrak{E}} (j_1 e_1 + j_2 e_2 + j_3 e_3) = 2(i_1 + i_2 + i_3).$

Da aber $i_1 + i_2 + i_3 = 0$ ist, so gilt für den Gleichgewichtszustand

70) $\quad \dfrac{d\mathfrak{N}}{de_1} = 0,$

d. h. die Leistungsaufnahme im Gleichgewichtszustande ist ein

## Zweiter Lehrsatz über die Leistungsaufnahme.

Minimum! Daß es sich um ein Minimum und kein Maximum handelt, geht daraus hervor, daß

71) $$\frac{d_2 \mathfrak{R}}{d^2 e_1} = \frac{2}{\mathfrak{E}} (j_1 + j_2 + j_3) > 0$$

ist, denn die Ströme $j_1$, $j_2$, $j_3$, die bei der Spannung $\mathfrak{E}$ auftreten, sind stets positiv (eine Phasenverschiebung größer als $\pm 90^0$ ist nicht möglich!). Negative Widerstände, d. h. Widerstände, die Spannung erzeugen (statt zu vernichten) gibt es nicht.

Aus Gleichung 70 ergibt sich eine neue Berechnungsweise für derartige Wechsel- (und Gleich-)stromsysteme.

Man stellt nach Gleichung 67 die Leistungsaufnahme des ganzen Systems auf

$$\mathfrak{R} = \frac{1}{\mathfrak{E}} (j_1 e_1^2 + j_2 e_2^2 + j_3 e_3^2)$$

und setzt $e_2 = e_1 + \mathfrak{E}_3$ und $e_3 = e_1 - \mathfrak{E}_2$, dann ist

72) $$\mathfrak{R} = \frac{1}{\mathfrak{E}} \left[ j_1 e_1^2 + j_2 (e_1 + \mathfrak{E}_3)^2 + j_3 (e_1 - \mathfrak{E}_2)^2 \right]$$

und

73) $$\frac{d\mathfrak{R}}{de_1} = 0 = \frac{2}{\mathfrak{E}} \left[ (j_1 + j_2 + j_3) e_1 + j_2 \mathfrak{E}_3 - j_3 \mathfrak{E}_2 \right]$$

74) $$e_1 = \frac{j_3 \mathfrak{E}_2 - j_2 \mathfrak{E}_3}{j_1 + j_2 + j_3}.$$

Man erhält somit das gleiche Resultat wie auf anderem Wege in Gleichung 29 abgeleitet.

Oben ist nachgewiesen, daß für den Gleichgewichtszustand die Leistungsaufnahme ein Minimum ist. Es ist von Interesse zu untersuchen, welche Werte die Leistungsaufnahme annimmt, wenn der Punkt P durch eine an AP gelegte Hilfsspannung $e_y$ beliebig in der Bildebene verschoben wird.

Nach Gleichung 72 ist, wenn statt $e_1 e_y$ gesetzt wird,

$$\mathfrak{R}_y = \frac{1}{\mathfrak{E}} \left[ j_1 e_y^2 + j_2 (e_y + \mathfrak{E}_3)^2 + j_3 (e_y - \mathfrak{E}_2)^2 \right]$$

oder

75) $$\mathfrak{R}_y = \frac{1}{\mathfrak{E}} \left[ (j_1 + j_2 + j_3) e_y^2 - 2 (j_3 \mathfrak{E}_2 - j_2 \mathfrak{E}_3) e_y + j_2 \mathfrak{E}_3^2 + j_3 \mathfrak{E}_2^2 \right].$$

### Darstellung der Leistungsaufnahme durch ein Paraboloid. 25

Zunächst werde angenommen, daß die Hilfsspannung $e_y = \alpha e_1$ sich nur nach der Größe, aber nicht nach der Richtung ändert, dann stellt $\mathfrak{N}_y = \mathfrak{f}(e_y)$ eine Parabel dar. Für $e_y = 0$ ist

76) $$\mathfrak{N}_0 = \frac{1}{\mathfrak{E}}(\mathfrak{j}_2\mathfrak{E}_3^2 + \mathfrak{j}_3\mathfrak{E}_2^2)$$

für den Gleichgewichtszustand

$$e_y = e_1 = \frac{\mathfrak{j}_3\mathfrak{E}_2 - \mathfrak{j}_2\mathfrak{E}_3}{\mathfrak{j}_1 + \mathfrak{j}_2 + \mathfrak{j}_3}$$

(Gleichung 29) ist

77) $$\mathfrak{N}_g = \frac{1}{\mathfrak{E}}\left(\mathfrak{j}_2\mathfrak{E}_3^2 + \mathfrak{j}_3\mathfrak{E}_2^2 - \frac{(\mathfrak{j}_3\mathfrak{E}_2 - \mathfrak{j}_2\mathfrak{E}_3)^2}{\mathfrak{j}_1 + \mathfrak{j}_2 + \mathfrak{j}_3}\right)$$

und für $e_y = 2e_1$ ist

78) $$\mathfrak{N}_{2e_1} = \frac{1}{\mathfrak{E}}(\mathfrak{j}_2\mathfrak{E}_3^2 + \mathfrak{j}_3\mathfrak{E}_2^2) = \mathfrak{N}_0 = \mathfrak{N}_g + \frac{1}{\mathfrak{E}}\left(\frac{(\mathfrak{j}_3\mathfrak{E}_2 - \mathfrak{j}_2\mathfrak{E}_3)^2}{\mathfrak{j}_1 + \mathfrak{j}_2 + \mathfrak{j}_3}\right).$$

Wird die Hilfsspannung nicht an AP, sondern an BP bzw. CP gelegt, so ist $\mathfrak{N}_y = \mathfrak{f}(e_2)$ und $\mathfrak{N}_y = \mathfrak{f}(e_3)$ gleichfalls je eine Parabel. Die Formeln für $\mathfrak{N}_y$ entsprechen den Gleichungen 76—78 unter zyklischer Vertauschung der Größen $\mathfrak{j}_1\,\mathfrak{j}_2\,\mathfrak{j}_3$, $\mathfrak{E}_1\,\mathfrak{E}_2\,\mathfrak{E}_3$.

Wird der Punkt P von dem Gleichgewichtszustand P, vgl. Abb. 19, aus nach einer beliebigen Richtung um den Vektor $e_x$ verschoben, so ist

79) $$\mathfrak{N}_x = \frac{1}{\mathfrak{E}}\left[\mathfrak{j}_1(e_1 + e_x)^2 + \mathfrak{j}_2(e_2 + e_x)^2 + \mathfrak{j}_3(e_3 + e_x)^2\right]$$

oder

80) $$\mathfrak{N}_x = \frac{\mathfrak{j}_1 e_1^2 + \mathfrak{j}_2 e_2^2 + \mathfrak{j}_3 e_3^2}{\mathfrak{E}} + 2\frac{\mathfrak{j}_1 e_1 + \mathfrak{j}_2 e_2 + \mathfrak{j}_3 e_3}{\mathfrak{E}} \cdot e_x$$
$$+ \frac{(\mathfrak{j}_1 + \mathfrak{j}_2 + \mathfrak{j}_3)e_x^2}{\mathfrak{E}}.$$

Das erste Glied ist gleich der Leistungsaufnahme $\mathfrak{N}_g$ für den Gleichgewichtszustand, das zweite Glied ist $= 0$, da

$$\frac{\mathfrak{j}_1 e_1 + \mathfrak{j}_2 e_2 + \mathfrak{j}_3 e_3}{\mathfrak{E}} = \mathfrak{i}_1 + \mathfrak{i}_2 + \mathfrak{i}_3 \text{ ist.}$$

Daher ist

81) $$\mathfrak{N}_x = \mathfrak{N}_g + \frac{\mathfrak{j}_1 + \mathfrak{j}_2 + \mathfrak{j}_3}{\mathfrak{E}} \cdot e_x^2.$$

26    Zweiter Lehrsatz über die Leistungsaufnahme.

Denkt man sich senkrecht über allen Punkten der Bildebene die zugehörige Leistungsaufnahme aufgetragen, so bilden die Endpunkte aller dieser Lote nach Gleichung 81 ein Rotations-Paraboloid, dessen Achse durch den Gleichgewichtspunkt P geht.

Oben war nachgewiesen, daß die Leistungsaufnahme im Gleichgewichtszustande ein Minimum ist, woraus eine neue einfache Berechnungsweise abgeleitet wurde. Als Beispiel wurde dabei ein elastisches System mit einem Freiheitsgrade (ein Knotenpunkt) zugrunde gelegt. Noch anschaulicher werden die Vorgänge durch Vergleich mit einem Beispiel aus der Mechanik. Man denke sich in Abb. 14 die drei Vektoren $e_1 e_2 e_3$ durch drei gespannte Zugfedern ersetzt, dann wird sich auch ein Gleichgewichtszustand einstellen, in welchem sich die drei Federkräfte ausbalancieren. In den drei Federn wird in diesem Falle eine bestimmte Arbeit aufgespeichert sein. Bewegt man nun den Sternpunkt P der drei Federn nach irgend einer Richtung, so wird die Arbeit um den zugeführten Arbeitsbetrag erhöht und der Punkt P wird nach Aufhebung der von außen zugeführten Kraft in seine Anfangslage zurückkehren. Auch hier ist leicht nachzuweisen, daß die potentielle Energie im Gleichgewichtszustande ein Minimum ist.

Nunmehr möge ein System mit zwei Freiheitsgraden betrachtet und als zweites Beispiel die Berechnung der Brückenschaltung nach Abb. 16 benutzt werden. Auch hier kann man das Beispiel aus der Mechanik heranziehen, indem man statt der Spannungsvektoren $e_1 e_2 e_3 e_4$ vier Zugfedern und statt des Vektors $e_5$ eine Druckfeder annimmt. Die fünf Federn werden sich auch in einen Gleichgewichtszustand einstellen. Da aber hier zwei elastisch bewegliche Knotenpunkte C und D vorhanden sind, so besitzt das System zwei Freiheitsgrade. Hält man zunächst den einen Knotenpunkt C fest und bewegt den zweiten D, so ändert sich die Arbeitsaufnahme der Federn und es läßt sich nachweisen, daß die Arbeitsaufnahme für den Gleichgewichtszustand D ein Minimum ist. Hält man nunmehr den Punkt D fest und bewegt den Punkt C, so gilt für diesen das gleiche.

In derselben Weise gehen wir bei der Berechnung des elektrischen Systems mit mehreren Freiheitsgraden (Knotenpunkten) vor.

Es werden wieder die Vektoren $e_1$ und $e_3$ als unabhängige Variablen gewählt, dann ist:

## Minimum der Leistungsaufnahme für jeden Knotenpunkt.

82) 
$$e_1 = e_1 \qquad i_1 = j_1 \frac{e_1}{\mathfrak{E}} \qquad \frac{\partial e_1}{\partial e_1} = 1 \qquad \frac{\partial e_1}{\partial e_3} = 0$$

$$e_2 = e_1 + \mathfrak{E} \qquad i_2 = j_2 \frac{e_2}{\mathfrak{E}} \qquad \frac{\partial e_2}{\partial e_1} = 1 \qquad \frac{\partial e_2}{\partial e_3} = 0$$

$$e_3 = e_3 \qquad i_3 = j_3 \frac{e_3}{\mathfrak{E}} \qquad \frac{\partial e_3}{\partial e_1} = 0 \qquad \frac{\partial e_3}{\partial e_3} = 1$$

$$e_4 = e_3 - \mathfrak{E} \qquad i_4 = j_4 \frac{e_4}{\mathfrak{E}} \qquad \frac{\partial e_4}{\partial e_1} = 0 \qquad \frac{\partial e_4}{\partial e_3} = 1$$

$$e_5 = e_1 + e_3 \qquad i_5 = j_5 \frac{e_5}{\mathfrak{E}} \qquad \frac{\partial e_5}{\partial e_1} = 1 \qquad \frac{\partial e_5}{\partial e_3} = 1.$$

83) $\qquad i_1 + i_2 + i_5 = 0.$

84) $\qquad i_3 + i_4 + i_5 = 0.$

85) $\quad \mathfrak{N} = i_1 e_1 + i_2 e_2 + i_3 e_3 + i_4 e_4 + i_5 e_5$

$$= \frac{1}{\mathfrak{E}} \left[ j_1 e_1^2 + j_2 e_2^2 + j_3 e_3^2 + j_4 e_4^2 + j_5 e_5^2 \right].$$

86) $\quad \dfrac{\partial \mathfrak{N}}{\partial e_1} = \dfrac{2}{\mathfrak{E}} \left[ j_1 e_1 \dfrac{\partial e_1}{\partial e_1} + j_2 e_2 \dfrac{\partial e_2}{\partial e_1} + j_3 e_3 \dfrac{\partial e_3}{\partial e_1} + j_4 e_4 \dfrac{\partial e_4}{\partial e_1} + j_5 e_5 \dfrac{\partial e_5}{\partial e_1} \right].$

Setzt man in diese Gleichung die Werte von $\dfrac{\partial e_1}{\partial e_1}$, $\dfrac{\partial e_2}{\partial e_1}$ .....
aus Gleichung 82 ein, so erhält man

87) $\quad \dfrac{\partial \mathfrak{N}}{\partial e_1} = 2 \dfrac{j_1 e_1 + j_2 e_2 + j_5 e_5}{\mathfrak{E}} = 2 [i_1 + i_2 + i_5] = 0.$

Hierdurch ist bewiesen, daß die partielle Ableitung der Leistungsaufnahme nach $e_1$ gleich der Summe der Knotenpunktsströme, d. h. gleich 0 ist. Setzt man in Gleichung 87 die Werte für $e_2$ und $e_5$ aus Gleichung 82, so erhält man

88) $\qquad j_1 e_1 + j_2 (e_1 + \mathfrak{E}) + j_5 (e_1 + e_3) = 0,$

oder

89) $\qquad (j_1 + j_2 + j_5) e_1 + j_5 \cdot e_3 + j_2 \mathfrak{E} = 0.$

In gleicher Weise ergibt sich

90) $\dfrac{\partial \mathfrak{N}}{\partial e_3} = \dfrac{2}{\mathfrak{E}} \left[ j_1 e_1 \dfrac{\partial e_1}{\partial e_3} + j_2 e_2 \dfrac{\partial e_2}{\partial e_3} + j_3 e_3 \dfrac{\partial e_3}{\partial e_3} + j_4 e_4 \dfrac{\partial e_4}{\partial e_3} + j_5 e_5 \dfrac{\partial e_5}{\partial e_3} \right].$

91) $\qquad \dfrac{\partial \mathfrak{N}}{\partial e_3} = 2 \dfrac{j_3 e_3 + j_4 e_4 + j_5 e_5}{\mathfrak{E}} = 2 [i_3 + i_4 + i_5] = 0.$

28 Vergleich der Arbeitsgesetze für mechanische und elektrische Systeme.

92) $$i_3 e_3 + i_4 (e_3 - \mathfrak{E}) + i_5 (e_1 + e_3) = 0,$$
oder
93) $$i_5 e_1 + (i_3 + i_4 + i_5) \cdot e_3 - i_4 \mathfrak{E} = 0.$$

Gleichung 89 und 93 entsprechen den Gleichungen 42 und 43, die früher auf anderem Wege gefunden waren. Das Wechselstromsystem, Abb. 16, besteht aus zwei Maschen. Der vorstehend entwickelte Satz, daß die Leistungsaufnahme für jeden Knotenpunkt bei einer Änderung des nach dem Knotenpunkt zeigenden Vektors ($e_1$ bzw. $e_3$) ein Minimum ist, gilt aber offenbar für beliebig viele zusammenhängende Maschen und Knotenpunkte. Es lassen sich ganz allgemein so viel Beziehungsgleichungen aufstellen, als Knotenpunkte (Freiheitsgrade) vorhanden sind.

Die im Abschnitt 6 und 7 entwickelten Sätze über die Leistungsaufnahme mögen nochmals zusammengefaßt werden:

94) $$\mathfrak{N}_1 - \mathfrak{N}_0 = i_1 e_I.$$

95) $$\frac{d\mathfrak{N}}{di_1} = e_I.$$

96) $$\frac{d\mathfrak{N}}{de_1} = 0 \text{ für einen Knotenpunkt.}$$

97) $$\frac{\partial \mathfrak{N}}{\partial e_1} = 0; \frac{\partial \mathfrak{N}}{\partial e_2} = 0 \ldots \text{ für mehrere Knotenpunkte.}$$

## 8. Vergleiche zwischen den Arbeitsgesetzen für elektrische Systeme mit den Arbeitsgesetzen für mechanische Systeme.

Ganz ähnliche Arbeitsgesetze, wie die im Abschnitt 6 und 7 aufgestellten, sind in der Statik der Baukonstruktionen von Castigliano entwickelt und haben hier sehr befruchtend gewirkt. Es ist daher lehrreich, einen Vergleich zwischen den Arbeitsgesetzen für diese ganz verschiedenen, in ihrem inneren Wesen aber ganz gleichartigen Gebiete zu ziehen.

In der Statik der Baukonstruktionen unterscheidet man statisch bestimmte und statisch unbestimmte Systeme. Bei den ersteren sind die Beanspruchungen aller Glieder oder Teile unabhängig, bei den letzteren abhängig von der Formänderung des Systems. Castigliano hat nun für statisch unbestimmte Systeme, die im Brückenbau große Bedeutung haben, zwei wichtige Lehrsätze aufgestellt, welche nachstehend ins Gedächtnis zurückgerufen werden mögen.

## Arbeitsgesetze von Castigliano.

1. Wenn man die Durchbiegung eines Trägers an einer beliebigen Stelle bestimmen will, so denkt man sich an dieser Stelle in gleicher Richtung eine veränderliche Kraft P angreifend und stellt die gesamte Formänderungsarbeit A als Funktion von P auf, dann ist die Durchbiegung

$$f = \frac{dA}{dP}.$$

2. Wenn man in einem statisch unbestimmten System die überzähligen Stützendrücke X, Y, .. oder die Kräfte in den überzähligen Stäben U, V, .. oder die Einspannmomente $M_1$, $M_2$, ... als unabhängige Veränderliche einführt und die gesamte Formänderungsarbeit A als Funktion derselben ermittelt, so ist:

$$\frac{\partial A}{\partial X} = 0; \quad \frac{\partial A}{\partial Y} = 0 \ldots; \quad \frac{\partial A}{\partial U} = 0; \quad \frac{\partial A}{\partial V} = 0 \ldots; \quad \frac{\partial A}{\partial M_1} = 0; \quad \frac{\partial A}{\partial M_2} = 0 \ldots$$

Der Satz läßt sich daher auch aussprechen:

Die Formänderungsarbeit wird durch die statisch unbestimmten Größen zu einem Minimum. Aus obigen Gleichungen, deren Zahl gleich der der statisch unbestimmten Größen ist, lassen sich die letzteren berechnen. Da die Formänderungsarbeiten proportional $X^2$ bzw. $U^2$ und $M^2$ ... sind, so sind die ersten Ableitungen $\frac{\partial A}{\partial X}, \frac{\partial A}{\partial U}, \frac{\partial A}{\partial M}$ proportional X, U, M, und es ergeben sich daher bei n unbestimmten Größen n lineare Gleichungen mit n Unbekannten. Jede einzelne Stabkraft läßt sich ebenfalls durch eine lineare Gleichung darstellen von der Form:

$$P = P_0 + aX + bY + cU + dV + eM_1 + gM_2 \ldots$$

Die Konstante $P_0$ entspricht einer Stabkraft, welche entstehen würde, wenn die statisch unbestimmten Kräfte zunächst fortgelassen würden, und die Beiwerte a, b, c, .. bezeichnet man als die Einflußgrößen der unbestimmten Kräfte. Die Einflußgrößen entsprechen den zusätzlichen Stabkräften, welche entstehen, wenn man die Einheitskräfte bzw. -momente

X = 1 kg, Y = 1 kg, U = 1 kg, V = 1 kg, $M_1$ = 1 cmkg, $M_2$ = 1 cmkg

einsetzt.

Die Durchführung längerer Rechnungen ist zwar auch bei der Anwendung der Gesetze von der Formänderungsarbeit nicht zu vermeiden, aber die Rechenarbeit wird meistens sehr vereinfacht,

## 30 Vergleich der Arbeitsgesetze für mechanische und elektrische Systeme.

und die Aufstellung der Bedingungsgleichungen stellt mehr eine mechanische Arbeit dar.

Bei der Betrachtung der obigen beiden Sätze fällt es auf, daß im ersten Falle der Differentialquotient $\dfrac{dA}{dP}$ eine endliche Größe, im zweiten dagegen $\dfrac{dA}{dX}$ bzw. $\dfrac{dA}{dU}$ gleich Null ist. Der Unterschied liegt darin, daß es sich im ersten Falle um eine äußere Kraft handelt, die durch die Bewegung ihres Angriffspunktes eine äußere Arbeit leistet, während es sich im zweiten Falle um innere Kräfte handelt, die stets paarweise auftreten (X und $-$ X bzw. U und $-$ U) und deren äußere Arbeit daher gleich Null ist. Stellen wir nunmehr die entsprechenden Gesetze einander gegenüber

1a) $\dfrac{dA}{dP} = f$   2a) $\dfrac{dA}{dX} = 0$ für statisch unbestimmte Systeme,

1b) $\dfrac{d\mathfrak{N}}{di_1} = e_I$   2b) $\dfrac{d\mathfrak{N}}{de} = 0$ für elektrisch unbestimmte Systeme,

so finden wir eine fast vollständige Analogie.

Setzt man in 1a) statt der Kraft P den Strom $i_1$ und statt der Durchbiegung f die Leerlaufspannung $e_I$ (für $i_1 = 0$), so geht das eine Gesetz in das andere über. Hier entspricht offenbar $i_1$ einer äußeren Kraft, welche eine äußere Arbeit $i_1 e_I$ leistet. Beim Vergleich des zweiten Gesetzes 2a, 2b findet man aber insofern einen Unterschied, als der Kraft X nicht ein Strom, sondern eine Spannung e entspricht. Offenbar rührt dieses davon her, daß man zwar eine äußere Kraft P mit einem Strom i, eine innere mechanische Spannung X, $-$X dagegen nur mit einer inneren elektrischen Spannungsdifferenz e, $-$e zwischen zwei Punkten, d. h. mit einer Relativspannung, vergleichen kann. Ein wesentlicher Unterschied zwischen den mechanischen und elektrischen Arbeitsgesetzen liegt aber darin, daß es sich bei ersteren um eine Arbeit, mkg, bei letzteren dagegen um eine Leistung, Watt bzw. Volt Ampère oder $\dfrac{mkg}{sk}$ handelt. Wenn trotzdem diese ihrem inneren Wesen nach ziemlich verschiedenen Gesetze sich ganz gleichartig aufbauen, so liegt die Schlußfolgerung nahe, daß alle diese Naturgesetze, die ein Minimum der Leistung bzw. Energie in mechanischen, hydraulischen, thermischen, chemischen und elektrischen Systemen und ihren Kombinationen feststellen, in ein alle möglichen Energieformen umfassendes allgemeines Naturgesetz zusammengefaßt werden können.

Der Inhalt eines solchen Gesetzes würde etwa lauten, daß bei allen denkbaren Arbeits- und Energieformen und ihren Kombinationen, bei denen sich ein Gleichgewichtszustand einstellt, stets die potentielle Arbeit bzw. die Energie im Gleichgewichtszustand ein Minimum ist, wenn sie als Funktion der inneren Kräfte oder Spannungen dargestellt wird.

Ein allgemeiner mathematischer Beweis für ein solches Gesetz wird kaum aufgestellt werden können, wohl aber ein logischer. Wenn sich ein System in einem Gleichgewichtszustande befindet, so muß offenbar bei einer Verschiebung aus diesem Gleichgewichtszustande nach allen Richtungen die potentielle Arbeit bzw. Energie zunehmen. Eine Kugel auf einer schiefen Ebene befindet sich nicht im Gleichgewicht und strebt daher einem Punkte geringerer potentieller Energie zu. Wird dagegen ein Pendel aus seiner Gleichgewichtslage nach rechts oder links heraus bewegt, so wird es stets der tiefsten Lage, d. h. dem Punkte zustreben, in dem die potentielle Energie ein Minimum ist.

Das gleiche gilt sinngemäß von allen Gleichgewichtszuständen beliebiger Energieformen.

Nachdem die Analogie statisch und elektrisch unbestimmter Systeme nachgewiesen ist, liegt es ferner nahe, alle die bewährten, unter Berücksichtigung der Formänderungsarbeit aufgestellten Rechenmethoden aus dem Brückenbau daraufhin zu prüfen, ob sie sich auf die Elektrotechnik übertragen lassen. Es sei hier beispielsweise an den Satz von Maxwell über die Gegenseitigkeit der Verschiebungen zweier Punkte erinnert, der etwa folgendermaßen lautet:

Wenn die Belastung eines Punktes A einer Brücke durch die Last P am Punkte B eine Durchbiegung f verursacht, so entsteht dieselbe Durchbiegung f in A, wenn der Punkt B mit P belastet wird.

Wenn in diesem Satz statt der Gewichtsbelastung eine Strombelastung und statt der Durchbiegung eine Spannungsdifferenz gesetzt wird, so ist wahrscheinlich der Maxwellsche Satz auch für elektrische Systeme richtig.

Aus diesen kurzen Andeutungen geht hervor, daß hier ein großes, fruchtbares Arbeitsfeld vorhanden ist, welches noch erschlossen werden muß.

Verlag von Julius Springer in Berlin W 9.

## Die Wechselstromtechnik. Herausgegeben von Professor E. Arnold, Karlsruhe. In 5 Bänden. Unveränderter Neudruck. Erscheint Ende Sommer 1920.

 I. Theorie der Wechselströme. Von J. L. la Cour und O. S. Bragstad. Zweite, vollständig umgearbeitete Auflage. Mit 591 Textfiguren.
 II. Die Transformatoren. Von E. Arnold und J. L. la Cour. Zweite, vollständig umgearbeitete Auflage. Mit 443 Textfiguren und 6 Tafeln.
 III. Die Wicklungen der Wechselstrommaschinen. Von E. Arnold. Zweite, vollständig umgearbeitete Auflage. Mit 463 Textfiguren und 5 Tafeln.
 IV. Die synchronen Wechselstrommaschinen. Von E. Arnold und J. L. la Cour. Zweite, vollständig umgearbeitete Auflage. Mit 530 Textfiguren und 18 Tafeln.
 V. Die asynchronen Wechselstrommaschinen.
  1. Teil. Die Induktionsmaschinen. Von E. Arnold, J. L. la Cour und A. Fraenckel. Mit 307 Textfiguren und 10 Tafeln.
  2. Teil. Die Wechselstrom-Kommutatormaschinen. Von E. Arnold, J. L. la Cour und A. Fraenckel. Mit 400 Textfiguren, 8 Tafeln und dem Bildnis E. Arnolds.

## Arnold-La Cour, Die Gleichstrommaschine. Ihre Theorie, Untersuchung, Konstruktion, Berechnung und Arbeitsweise.

 I. Band. Theorie und Untersuchung. Dritte, vollständig umgearbeitete Auflage. Herausgegeben von J. L. la Cour, Chefingenieur. Mit 570 Textabbildungen.  Gebunden Preis M. 40.—.*
 II. Band. Konstruktion, Berechnung und Arbeitsweise. Dritte Auflage.  In Vorbereitung.

## Aufgaben und Lösungen aus der Gleich- und Wechselstromtechnik. Ein Übungsbuch für den Unterricht an technischen Hoch- und Fachschulen sowie zum Selbststudium. Von Prof. H. Vieweger. Fünfte, verbesserte Auflage. Mit 210 Textfiguren und 2 Tafeln. Unveränderter Neudruck.  Gebunden Preis M. 24.—.

## Die Geometrie der Gleichstrommaschine. Von Geh. Reg.-Rat O. Grotrian, Professor an der Techn. Hochschule in Aachen. Mit 102 Textfiguren.  Preis M. 6.—; gebunden M. 7.40.*

## Theorie der Wechselströme. Von Dr.-Ing. Alfred Fraenckel. Mit 198 Textabbildungen.  Gebunden Preis M. 10.—.*

## Wechselstromtechnik. Von Professor Dr. G. Roessler (Danzig). Zweite Auflage von „Elektromotoren für Wechselstrom und Drehstrom". I. Teil. Mit 185 Textfiguren.  Gebunden Preis M. 9.—.*

* Hierzu Teuerungszuschläge.

Verlag von Julius Springer in Berlin W 9.

**Die wissenschaftlichen Grundlagen der Elektrotechnik.** Von Professor Dr. **Gustav Benischke**. Fünfte, vermehrte und verbesserte Auflage. Mit 602 Abbildungen im Text.
Preis M. 66.—; gebunden M. 76.—.

**Kurzes Lehrbuch der Elektrotechnik.** Von Dr. **Adolf Thomälen**, a. o. Professor an der Techn. Hochschule Karlsruhe. Achte, verbesserte Auflage. Mit 499 Textbildern. Gebunden Preis M. 24.—.

**Kurzer Leitfaden der Elektrotechnik** für Unterricht und Praxis in allgemeinverständlicher Darstellung. Von **Rudolf Krause**, Ingenieur. Vierte, verbesserte Auflage. Herausgegeben von Professor **H. Vieweger**. Mit 375 Textfiguren. Gebunden Preis M. 20.—.

**Elektrische Starkstromanlagen**, Maschinen, Apparate, Schaltungen, Betrieb. Kurzgefaßtes Hilfsbuch für Ingenieure und Techniker sowie zum Gebrauch an technischen Lehranstalten. Von Dipl.-Ing. **Emil Kosack**, Oberlehrer an den Vereinigten Maschinenbauschulen zu Magdeburg. Vierte, verbesserte Auflage. Mit 294 Textabbildungen.
Gebunden Preis M. 13,60.*

**Ingenieur-Mathematik.** Lehrbuch der höheren Mathematik für die technischen Berufe. Von Prof. Dr.-Ing. Dr. phil. **H. Egerer**.
Erster Band: Niedere Algebra und Analysis — Lineare Gebilde der Ebene und des Raumes in analytischer und vektorieller Behandlung — Kegelschnitte. Mit 320 Textabbildungen und 575 vollständig gelösten Beispielen und Aufgaben. Gebunden Preis M. 12.—.*
Zweiter Band: Differential- und Integralrechnung. — Reihen und Gleichungen. — Kurvendiskussion. — Elemente der Differentialgleichungen. — Elemente der Theorie der Flächen- und Raumkurven. — Maxima und Minima. Mit 477 Textabbildungen und über 1000 vollständig gelösten Beispielen und Aufgaben. Unter der Presse.
Dritter Band: Gewöhnliche Differentialgleichungen, Flächen, Raumkurven, partielle Differentialgleichungen, Wahrscheinlichkeits- und Ausgleichsrechnung, Fouriersche Reihen usw. In Vorbereitung.

**Die Differentialgleichungen des Ingenieurs.** Darstellung der für die Ingenieurwissenschaften wichtigsten gewöhnlichen und partiellen Differentialgleichungen sowie der zu ihrer Lösung dienenden genauen und angenäherten Verfahren einschl. der mechanischen und graphischen Hilfsmittel. Von Dipl.-Ing. Dr. phil. **W. Hort**. Zweite, neubearbeitete Auflage. Mit etwa 255 Textfiguren. In Vorbereitung.

**Lehrbuch der Mathematik.** Für mittlere technische Fachschulen der Maschinenindustrie. Von Prof. Dr. **R. Neuendorff** (Kiel). Zweite, verbesserte Auflage. Mit 262 Textfiguren. Gebunden Preis M. 12.—.*

* Hierzu Teuerungszuschläge.

MIX
Papier aus verantwortungsvollen Quellen
Paper from responsible sources
**FSC® C105338**

If you have any concerns about our products,
you can contact us on
**ProductSafety@springernature.com**

In case Publisher is established outside the EU,
the EU authorized representative is:
**Springer Nature Customer Service Center GmbH
Europaplatz 3, 69115 Heidelberg, Germany**

Printed by Libri Plureos GmbH
in Hamburg, Germany